Diamantbohrungen

für

Schürf- und Aufschlußarbeiten

über und unter Tage

Von

Georg Glockemeier
Dipl.-Bergingenieur

Mit 48 in den Text gedruckten Figuren

Springer-Verlag Berlin Heidelberg GmbH 1913

ISBN 978-3-642-89754-2 ISBN 978-3-642-91611-3 (eBook)
DOI 10.1007/978-3-642-91611-3

Inhaltsverzeichnis.

1. Geschichtliche Notizen.

Die Diamantbohrungen mit kleinem Durchmesser blicken auf eine ungefähr 30jährige Geschichte zurück. Sie sind besonders in den Vereinigten Staaten und in Schweden und Norwegen praktisch ausgebildet worden. So wurden in Skandinavien unter Benutzung der Craelius-Maschine von der Schwedischen Diamantbohrgesellschaft, Stockholm (Svenska Diamantborrningsaktiebolaget), gebohrt:

1887 . . .	780 m	1899 . . .	4960 m
1888 . . .	2950 „	1900 . . .	6200 „
1889 . . .	3160 „	1901 . . .	5435 „
1890 . . .	3420 „	1902 . . .	5180 „
1891 . . .	2760 „	1903 . . .	6099 „
1892 . . .	2825 „	1904 . . .	4927 „
1893 . . .	3680 „	1905 . . .	6787 „
1894 . . .	3200 „	1906 . . .	7495 „
1895 . . .	2916 „	1907 . . .	9234 „
1896 . . .	3536 „	1908 . . .	3907 „
1897 . . .	2870 „	1909 . . .	5080 „
1898 . . .	3986 „		

Für die ausgedehnte Benutzung der Schürfbohrmaschinen in den Vereinigten Staaten spricht die Angabe, daß allein im Mesabidistrikt im Jahre 1903 beispielsweise nicht weniger als 250 Maschinen mit einem Personal von über 1000 Mann im Betrieb waren.

In Deutschland hat die Allgemeine Schürfbohrgesellschaft, Düsseldorf, seit neuerer Zeit umfangreiche Bohrungen besonders in Kali und Kohle (in den 3 ersten Jahren ihres Bestehens ca. 24000 m in Kali und 8200 m in Kohlenbergwerken) zur Ausführung gebracht.

Im großen ganzen steht jedoch in europäischen und afrikanischen Erzgruben mit wenigen Ausnahmen die Diamantbohrung in einem nahezu embryonalen Stadium. Die Gründe hierfür dürften einmal technische, zum andern geologische sein: Die Unkenntnis der Bohrdiamanten und der Besetzungsmethoden der Kronen und damit verbunden die Furcht vor großen Diamantenverlusten hält viele Interessenten ab, sich der Diamantbohrungen im großen Maßstab zu bedienen. Es soll demgemäß gerade diesen Fragen im nachstehenden die eingehendste Aufmerksamkeit gewidmet werden. Andrerseits jedoch glaubt man auch vielfach, daß die Unregelmäßigkeit der Erzlagerstätten es unmöglich mache, brauchbare Resultate mittels Bohrungen zu erzielen, als ob nicht eine hinreichende Anzahl von Bohrungen nach dem Prinzip der Wahrscheinlichkeit der Gewißheit nahe bringe. Im Gegenteil ist es auch bisweilen vorgekommen, daß man zu weitgespannte Hoffnungen an die Bohrungen knüpfte und von den Bohrungen mehr verlangte als sie leisten konnten und so Enttäuschungen erfahren hat.

All dies bringt es mit sich, daß man bei uns diesen Bohrungen etwas skeptisch gegenüber steht und lieber teure und zeitraubende Schächte und Strecken treibt, anstatt mit einigen Bohrungen in kürzerer Frist dasselbe zu erreichen.

Als Konstrukteure brauchbarer Bohrmaschinen kommen, soweit uns bekannt, zurzeit nur folgende Firmen in Frage:

American Diamond Rock Drill Company, New York City, 90 West street.

Ingersoll-Rand Company, New York, vertreten in Europa durch die Compagnie Ingersoll-Rand, Paris, 33 rue Réaumur, welche Gesellschaft gleichzeitig den Vertrieb der Bohrmaschinen der Diamond Rock Drill übernommen hat.

Internationale Bohrgesellschaft, Erkelenz, die eine abgeänderte Craelius-Maschine baut.

Lange, Lorcke & Cie, Brieg III, Bez. Breslau, die Fabrikanten der Craelius-Maschine.

Peiner Maschinenbau-Gesellschaft zu Peine, Provinz Hannover.

Sullivan Machinery Company, Chicago, in Deutschland vertreten durch Theodor Boergermann, Düsseldorf.

Joh. Urbanek & Cie., Frankfurt am Main.

Nur auf die Maschinen dieser Firmen wird im folgenden Rücksicht genommen.

2. Allgemeines über Bohrmaschinen.

Die Bohrmaschinen müssen 2 Anforderungen gerecht werden:

1. müssen sie die Rohrtour, welche die Krone trägt, in Umdrehung versetzen;
2. müssen sie der Rohrtour entsprechend dem Bohrfortschritt Vorschub verleihen und gleichzeitig gestatten, den Druck der Krone auf die Bohrlochsohle zu regeln.

Zu 1. Bei den amerikanischen Bohrmaschinen wird der Antrieb durch ein Kegelräderpaar bewirkt, wobei ein Rad auf der mit der Rohrtour verbundenen Bohrspindel sitzt und das andere auf der treibenden Welle (z. B. Fig. 31). Bei der Craelius-Maschine wird die Rotationsbewegung der Welle mittels Schraubenradgetriebe auf die Bohrspindel übertragen, bei der Konstruktion der Internationalen Bohrgesellschaft jedoch durch Kegelradgetriebe. Die Urbanek-Maschine weist insofern eine Eigentümlichkeit auf, als das Kegelräderpaar nicht direkt die Bohrspindel, sondern zuvörderst ein anderes Zahnrad antreibt, welches seinerseits ein auf der Bohrspindel sitzendes Zahnrad in Umdrehung versetzt (Fig. 44).

Die Peiner Maschinenbau-Gesellschaft rüstet die Maschine für maschinelle Bohrung mit einem Sicherheitsantrieb (System Bode) aus, bei welcher mittels einfacher Anordnung erzielt wird, daß die Bohrung nie begonnen werden kann, ehe die Spülpumpe arbeitet (vgl. Fig. 38). Die Gesamtanordnung umfaßt 3 Teile: A. Rotationswerk, B. Spülpumpe, C. Förderwinde. Zum Antrieb von C dienen nachfolgende Organe: Riemenscheibe 1, Welle 9, Kette 10, Kettenrad 11, Reibungskupplung 12 mit zugehörigem Hebel 13, Zahnrad 14 der Kupplung und Zahnkranz 15 der Seiltrommel; zum Antrieb von B dienen: Riemenscheibe 2, Zahnräderpaar 6, 7 und Welle 17; zum Antrieb von A: Scheibe 3, Zahnräderpaar 4, 5, Welle 16, Kegelradpaar.

Die Breite der Riemenscheibe 1 ist gleich der von 2 + 3. Ist Hebel 13 ausgerückt, so dient 1 als Leerlaufscheibe. Beim Einrücken des Riemens gleitet derselbe von der Leerlaufscheibe zuerst auf die Scheibe 2. Es wird somit die Spülpumpe in Gang gesetzt und damit das Bohrloch gereinigt und die Krone gekühlt (vgl. auch Abschnitt 5). Erst bei weiterem Einrücken des Riemens auf Scheibe 1 beginnt auch das Rotationswerk seine Tätigkeit.

Die beiden Kegelräder der Urbanekmaschine sind gleich groß, die Durchmesser der Zahnräder verhalten sich dagegen wie 2 : 3. Beide sind auswechselbar; dasselbe gilt auch von den Schraubenrädern der Craeliusmaschine. Bei Handbetrieb übersetzt man ins schnelle. Da gewöhnlich 40 Umdrehungen pro Minute von Hand geleistet werden, so macht die Rohrtour infolgedessen $n = \frac{40}{2} \cdot 3 =$ 60 Umdrehungen. Bei Kraftbetrieb kann man nach Bedarf ins langsame oder schnelle übersetzen. Wählt man für die Rohrtour $n = 160$—200 pro Minute, so muß die Antriebswelle entweder $n = 200 . 3/2 = 300$ oder $n = 200 . 2/3 = 133$ Umdrehungen machen. Je schneller die Tourenzahl, um so schneller der Fortschritt. Bei schnellerer Tourenzahl brauchen die Diamanten durchaus nicht stärker angegriffen zu werden, wenn man den Druck auf die Bohrlochsohle und damit den Fortschritt pro Umdrehung etwas verringert. Bei ungleichmäßigem, nicht zu hartem Gebirge tut man besser, nicht über 120—150 Touren hinauszugehen, bei gleichmäßigem, festem Gebirge kann man die Geschwindigkeit unbedenklich bis 300 Touren steigern.

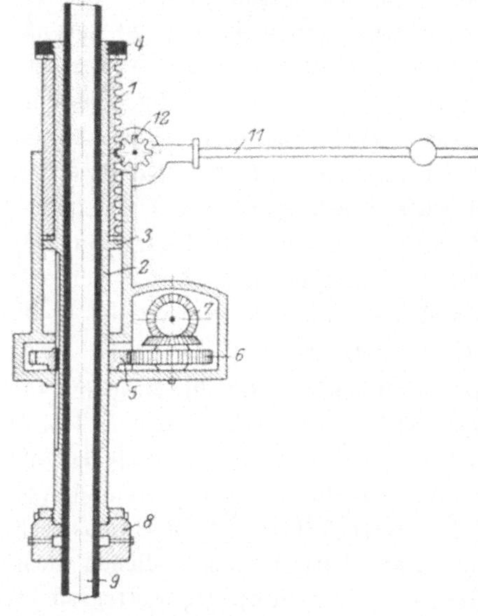

Fig. 1.

Zu 2. Die Regelung des Druckes auf die Bohrlochsohle sowie des Gestängevorschubes geschieht auf dreierlei Art.

Die deutschen Maschinen sind mit Gewichtshebelvorschub ausgestattet, während die amerikanischen Firmen für leichte Modelle den Differentialvorschub und für schwere Modelle den hydraulischen Vorschub zur Anwendung bringen.

Wir besprechen zunächst den Gewichtshebelvorschub, der uns Gelegenheit gibt, an Hand eines schematischen Schnittes die Arbeitsweise der Bohrmaschinen zu erläutern (vgl. Fig. 1).

Die Rohrtour 9 ist vermöge zweier in dem Preßkopf 8 sitzender Klemmbacken fest mit der Bohrspindel verbunden. Die Bohrspindel ist unten mit einer Stoßplatte 3 versehen und trägt am oberen Ende eine Schraubenmutter 4. Unterhalb der Stoßplatte 3 ist die Bohrspindel mit einer Nut ausgebildet, in der das Antriebszahnrad 5 auf und ab gleiten kann. Damit ist erreicht, dass unbeschadet des Bohrfortschrittes das Antriebswerk immer an derselben Stelle liegt. Zwischen 3 und 4 sitzt die Vorschubhülse 1, die gleichsam das Lager für die rotierende Bohrspindel bildet. Die Laufflächen gegen 3 und 4 sind Kugellager. Die Vorschubhülse trägt einseitig eine Zahnstange. Beim Auf- und Niedergehen wird die Hülse dadurch geführt, daß eine Rast derselben in einer entsprechenden Nut des Bohrgehäuses entlang gleitet.

In die Zahnstange der Vorschubhülse greift ein Ritzel 12, welches am Ende des Gewichtshebels 11 sitzt. Bei Beginn einer Bohrung ist der Hebel nach links ausgelegt. Jeder Druck auf den Hebel von Hand oder mit verschiebbaren Belastungsgewichten erfolgend bewirkt einen Druck auf die Vorschubhülse, von dieser mittels Stoßplatte 3 oder Mutter 4 auf die Bohrspindel nebst Rohrtour und Krone, da ja, wie erwähnt, Bohrspindel und Rohrtour im Preßkopf 8 fest miteinander verbunden sind.

Der Vorzug des Gewichtshebelvorschubes besteht darin, daß der Druck auf die Bohrlochsohle dem Gestein und dem Zustand der Krone dauernd angepaßt werden kann. Es ist ferner offensichtlich, daß Vorschub und Druck auf die Bohrlochsohle vollkommen unabhängig von der Umdrehungszahl geregelt werden können.

Dem Fortschritte der Bohrung entsprechend werden die Rohrtour, somit Vorschubhülse und Hebel nach unten sinken resp. gedrückt.

Ist der Hebel in seiner tiefsten Auslage angekommen, so muß er wieder gehoben werden. Dies geschieht beispielsweise bei der Urbanekschen Maschine durch beistehend schematisch dargestellte Anordnung (Fig. 2). Der Hebel *a* (identisch mit 11, Fig. 1) ist fest verbunden mit einer Schnecke ohne Ende *b*, die in das Schraubenrad *c* eingreift. Letzteres ist mit dem Ritzel *d* (identisch mit 12, Fig. 1) auf einer gemeinsamen Welle verkeilt. Durch Eingriff des Ritzels *d* in die Vorschubhülse *e* der Bohrmaschine werden *c* und *d* in ihrer Lage gehalten und der Hebel *a* kann somit durch Drehen der Schnecke *b* wieder hochgehoben werden.

Ist die Vorschubhülse in ihrer tiefsten Lage angekommen, so unterbricht man die Bohrung und löst die Klemmbacken des Bohrspindelkopfes. Die Bohrspindel und Vorschubhülse können nunmehr unabhängig von der Rohrtour gehoben werden. Alsdann bleiben *a* und *b* in ihrer Lage (vgl. Fig. 2) und durch Drehen der Schnecke ohne Ende *b* im umgekehrten Sinne wie beim Lüften des Hebels werden *c* und *d* in Umdrehung versetzt und die Vorschubhülse nebst Bohrspindel angehoben. Es ist ersichtlich, daß man bei zunehmendem Gestängegewicht durch Umlegen des Hebels 11 (Fig. 1) das Gestänge teilweise oder ganz entlasten kann. Dies kommt bei größeren Teufen in Frage, wo das Gestängegewicht bereits den auf die Krone zulässigen Druck überschreitet.

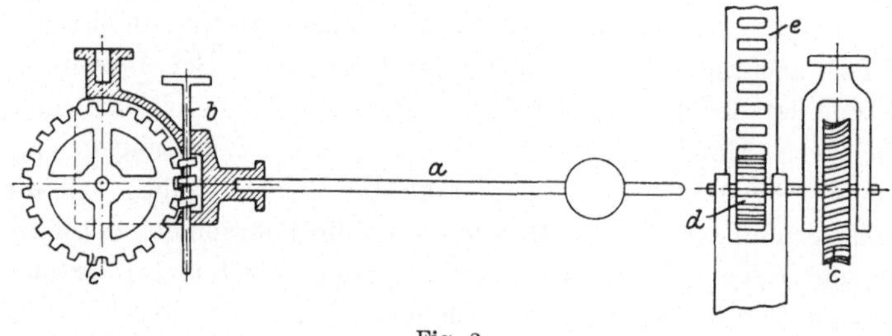

Fig. 2.

Als einzigen Nachteil des Gewichtshebelvorschubes kann man den Umstand verzeichnen, daß bei plötzlichem Übergang von weichem in hartes Gestein oder bei Antreffen eines Hohlraumes das Gestänge nebst Bohrspindel, Vorschubhülse und Hebel bis in die tiefste Auslage abstürzen kann und dabei eventl. die Krone durch Aufschlagen auf eine unter der weichen Schicht liegende harte Gesteinsschicht beschädigt werden könnte. Dies ist immerhin ein zu seltener Fall, als daß er zuungunsten des Gewichtshebelvorschubes sprechen dürfte.

Eine besondere Art der Ausbildung des Gewichtshebelvorschubes ist der Vorschubwagen (Fig. 3), den die Firma Lange, Lorcke & Cie. in den Handel bringt. Er hat sich nach Angabe der Firma in den oft sehr blättrigen Kaliablagerungen, die bei Bohrungen senkrecht zum Schichtenstreichen zu sehr schwieriger Kernbildung neigen, gut bewährt und selbst bei diesen ungünstigen Verhältnissen bis über 90 % Kern ergeben.

Fig. 3.

Das Prinzip des Differentialvorschubes ist dasselbe, welches der im Kalibergbau vielbenutzten Ulrichschen Bohrmaschine zugrunde liegt (Fig. 4).

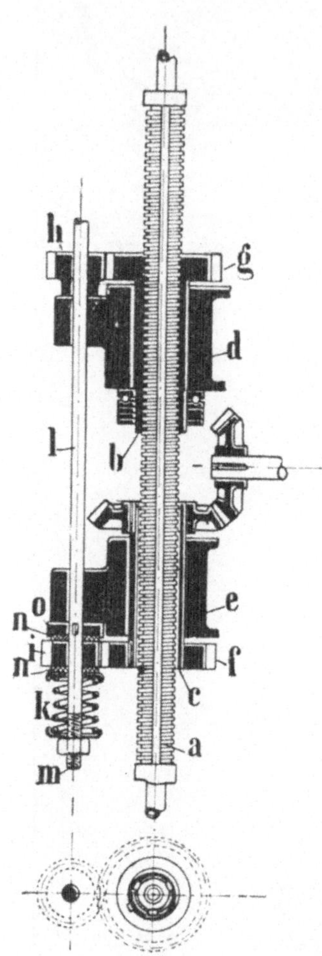

Fig. 4.

Das Kegelradgetriebe versetzt die in dem Stück *e* laufende Büchse *c* in Umdrehung. Mittels dreier Nuten und Federn ist Büchse *c* mit der Bohrspindel verbunden. Jede Umdrehung der Büchse wird demnach auf die Bohrspindel übertragen, ohne daß letztere am Vorwärtsgleiten behindert ist. Die Büchse trägt ferner das auf ihr fest verkeilte Zahnrad *f*, welches in das Zahnrad *i* eingreift; mit dem Zahrad *i* auf gleicher Welle sitzt das Zahnrad *h*. Während *h* fest auf der Welle verkeilt ist, kann *i* lose auf derselben gleiten. (Man nehme vorläufig an, daß *i* gleichfalls fest verkeilt sei.) Zahnrad *h* greift in das auf der Büchse *b* sitzende Zahnrad *g* ein. Bie Büchse *b* ist nichts anderes als eine Schraubenmutter der Bohrspindel. Dreht man mit Hilfe der durch die genannten Zahnräder bewirkten Übersetzung die Büchse *b* genau so schnell wie die Bohrspindel, so wird selbstverständlich letztere nicht vorrücken. Gibt man jedoch der Büchse *b* mittels geeigneter Zahnräder eine schnellere oder langsamere Umdrehungszahl als sie die Bohrspindel besitzt, so wird letztere, je nach dem sie Links- oder Rechtsgewinde hat, vorrücken oder zurücklaufen. Die Maschinen haben fast stets Linksgewinde. Ist die Spindel am Ende angekommen, so hat man alsdann nur die Friktionskuppelung zu lösen und durch eine geeignete Vorrichtung die Mutter *b* in ihrer Lage festzuhalten. Läßt man dann die Spindel in gleichem Sinne wie beim Bohren laufen, so geht sie in ihre Anfangslage zurück. Der Vorschub der Maschine ist bei der beschriebenen Einrichtung unweigerlich festgelegt durch die Umdrehungszahl des Antriebkegelrades und die gewählten Zahnradübersetzungen. Für letztere sind gewisse Normalformen seitens der Firmen adoptiert. Die American Diamond Rock Drill gibt 4 verschiedene Übersetzungen an, die ermöglichen einen Zoll Vorschub zu erzielen bei 100, 300, 700, 1100 Umdrehungen der Antriebswelle.

Diese Art der Anpassung ist bis zu einem gewissen Grade eine rohe, sie wird jedoch vervollkommnet durch eine einstellbare Friktionskuppelung, die ermöglicht, auch den Druck auf die Bohrlochsohle zu regeln. Zahnrad *i*, welches lose auf der Welle *l* sitzt, wird mittels der Feder *k*, deren Spannung durch die Mutter *m* eingestellt werden kann, unter Zwischenschaltung zweier Friktionslederscheiben *n* gegen die Scheibe *o* gepreßt. Wird der Rückdruck, der von der Bohrspindel auf *c*, *e*, *o* übertragen wird, größer als der eingestellten Federspannung entspricht, so gleitet *i* leer auf der Welle *l* und die Büchse *b* dreht sich mit der Bohrspindel, so daß ein Fortschritt nicht erfolgen kann, bis der Rückdruck nachläßt und die Friktionskuppelung in Wirksamkeit tritt.

Wenn auch dieser Differentialvorschub gröber arbeitet als der Gewichtsvorschub, so ist er doch für kleinere Bohrmaschinenmodelle völlig ausreichend. Jeder, der die Bohrarbeiten aus der Erfahrung kennt, weiß, daß man bei gut besetzten Kronen und eingeübten Leuten und besonders bei Kenntnis der speziellen Gebirgsverhältnisse die gesamte Arbeit und die Veränderungen der Krone ganz einfach nach dem stündlichen Bohrfortschritt beurteilen kann und daß von irgendwelchen Finessen und Schwierigkeiten nicht die Rede sein kann, somit eine etwas rohere Vorschubeinrichtung durchaus den Bedürfnissen der Praxis genügt.

Der hydraulische Vorschub kommt nur bei größeren Modellen zur Ausführung. Er arbeitet wie folgt:

Die Vorschubhülse *C* (Fig. 5) ist an ihrem oberen Ende mit einem doppelten als Kugellager ausgebildeten Kopflager versehen, gebildet von Platte *G* und Gegenplatte *H*, die durch Schrauben miteinander verbunden sind. Die Lauffläche der Lager ist die fest mit der Bohrhülse verbundene Stoßplatte *I*. Auf der Hülse *C* ist der Kolben *B* der hydraulischen Vorschubeinrichtung aufgeschraubt. Bewegt sich dieser auf- und abwärts, so folgen die Vorschubhülse *C*

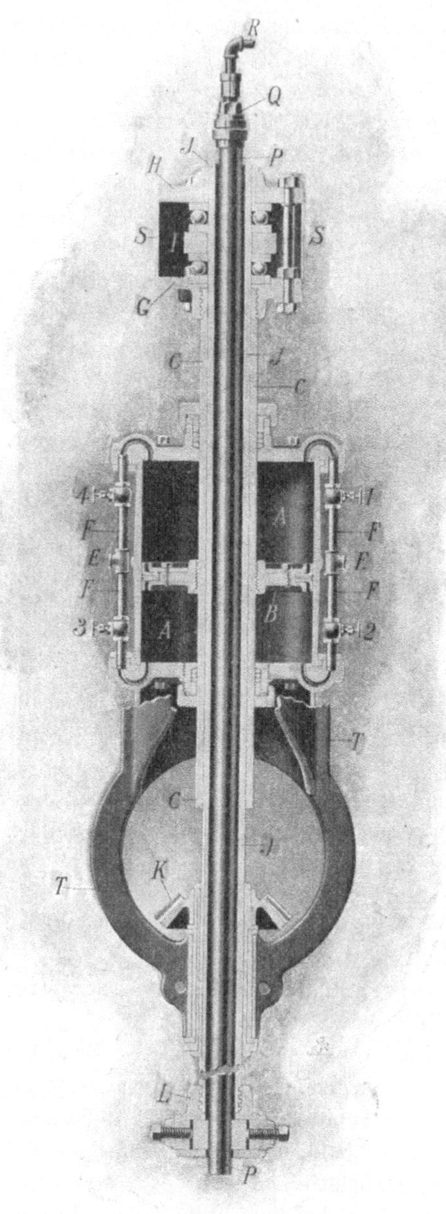

Fig. 5.

und durch Übertragung des Druckes auf die Stoßplatte I auch die Bohrspindel J dieser Bewegung und die durch den Preßkopf L mit der Bohrspindel verschraubte Rohrtour P. Die Regelung der Bewegung des Kolbens B erfolgt durch Preßwasser. Dieses Preßwasser wird durch Rohr D und Hähne 1 und 2 zugeführt und durch Hähne 3 und 4 und E abgeführt.

Man denke sich den Zylinder beiderseits des Kolbens B voll Wasser. Öffnet man alsdann Hähne 1 und 3, so wird oberhalb des Kolbens Wasser zugeführt und unten entweicht es, der Kolben B geht abwärts. Sind dagegen 1 und 3 geschlossen und 2 und 4 offen, so steigt der Kolben. Es ist ersichtlich, daß man durch entsprechende Einstellung der Hähne aufs genaueste den Vorschub und den Druck auf die Bohrlochsohle regeln kann und daß bei größerer Teufe das Gestänge so weit entlasten kann, bis man den gewünschten Druck auf der Bohrlochsohle erzielt. Dabei ist irgend ein Abstürzen des Gestänges, wie wir es beim Gewichtshebelvorschub anführten, völlig ausgeschlossen.

Ist die Bohrhülse in der untersten Lage angekommen, so löst man die Preßschrauben des Spindelkopfes L und läßt das Wasser unter den Kolben treten, um ihn wieder hochzutreiben.

3. Diamanten und Kronen.

Der Diamant besitzt die Härte 10, seine Dichte ist 3, 5—3, 6. Tritt der Diamant kristallisiert auf, so bildet er zumeist Oktaeder und Rhombendodekaeder des regulären Systems. Als Bohrdiamante kommen 2 Arten in Frage: helle Diamanten, sog. Boorts, und dunkle Diamanten, sog. Karbons.

Die Produktionsländer sind Südafrika und Brasilien. In Britisch- und Deutsch-Südafrika sollen während der letzten Jahre im Durchschnitt $5^1/_2$ Mill. Karat (1 Karat = 0,205305 g) im Werte von ca. 8000000 £ gefunden worden sein. Aus Brasilien liegen genaue Schätzungen nicht vor, da ein großer Teil der Diamanten in Bahia geschliffen und von Passagieren exportiert wird, und nur über die aus Rio de Janeiro ausgeführten Steine einige Angaben bekannt werden. Man nimmt an, daß in Brasilien jährlich etwa

60000 Karat Karbons im Werte von durchschnittlich 6 £ und etwa

150000—200000 Boorts im Werte von 2 £ per Karat gefunden werden.

Karbons finden sich ausschließlich in Brasilien, dem Flußsande und -gerölle beigemengt. Die Gewinnung ist denkbar einfach und besteht darin, daß die Eingeborenen ins Wasser tauchen und in kleinen Körben vom Grunde möglichst viel Sand und Schlamm heraufholen, aus dem alsdann die Diamanten herausgeklaubt werden. Maschinenbetrieb rentiert nicht wegen großer Unregelmäßigkeit des Bodens der Flüsse. Die Hauptfundstellen sind Chapada, Bagajem, Morro de Chapeo, San Isabel usw. im Staate Bahia.

Die Boorts sind die von den weißen Diamanten zu Bohrzwecken ausgehalteten Steine. Sie gleichen in ihrem ganzen Aussehen den Ringdiamanten, eignen sich jedoch infolge nicht ganz weißer Farbe, schlechter Form oder anderer kleiner Fehler nicht zu Schmucksteinen. Sie sind stets kristallisiert. Ihre Farbe ist weiß, gelblich, rötlich oder eisfarben. Speziell eisfarbene Diamanten pflegen zu Bohrungen geeignet zu sein. Bei der Auswahl von Boorts ist besonders darauf zu achten, daß der Stein rißfrei ist. Im allgemeinen haftet den Boorts ein Nachteil an, der ihre Verwendung auf mildere, gleichmäßige Gebirgsarten beschränkt. Und dies ist folgender:

Um zu schneiden, müssen die Steine so in der Krone gefaßt sein, daß eine scharfe Kristallkante aus der Krone herausragt (Fig. 6). Bei der Bohrarbeit wird diese Kante einerseits auf Druck, andererseits auf Biegung beansprucht. Die Folge ist ein Abschleifen der Kante. Dadurch entsteht nicht nur lokal ein geringfügiger Diamantverlust, sondern, was viel schlimmer ist, eine Schwächung des gesamten Kristallgewölbes, wie wenn man einen Gewölbebogen aus Mauerung durch Beschädigung von Steinen schwächen würde. Es pflegt daher ein Boort, der einmal schadhaft geworden ist, selten mehr lange Dienste zu leisten; er wird unbrauchbar, ohne nur die Hälfte seines Gewichtes verloren zu haben.

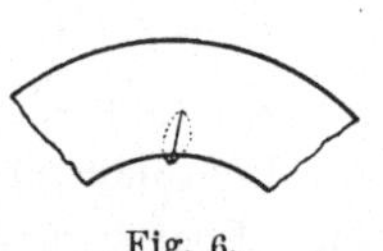

Fig. 6.

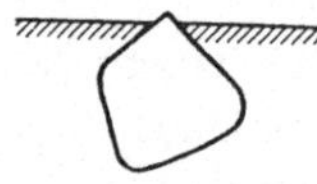

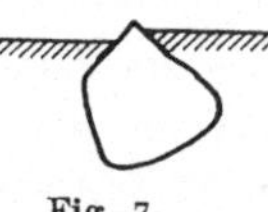

Fig. 7.

Der geschilderte Fall ist der günstigste. Es kommt jedoch oft viel schlimmer, besonders in einem Gebirge, welches scharf ist und somit den Stahl der Krone schnell abnutzt. Die Abnutzung durchschreitet alsdann die in Fig. 7 dargestellten Phasen. 2 zeigt, dass der Stahl sich abgenutzt hat und der Diamant erheblich mehr aus der Krone herausragt als in ursprünglicher Fassung. Der Diamant ist jedoch noch nicht so weit exponiert, daß der Anblick der Krone zu Bedenken Veranlassung geben würde. Man bohrt weiter und plötzlich mit weiter fortschreitender Abnutzung der Krone tritt eine Überbeanspruchung des Diamanten auf und er springt, wie unter 3 dargestellt. Die Folge eines solchen Vorganges pflegt eine vernichtende zu sein. Der abspringende Diamant zerstört zumeist mehrere weitere Steine, ehe der Spülstrom die Diamantsplitter entfernt (vgl. Fig. 8). Ist die Bohrung noch nicht tief, so vernimmt man deutlich das Knirschen der Steine. Selbst bei großer Vorsicht sind in sehr scharfen, quarzigen Gebirgsarten ähnliche Vorkommnisse nur schwer zu vermeiden.

Hierzu kommt, daß auch die Leistung bei Benutzung von Boorts weniger gut ist als bei Karbons, weil die glatten Kristallflächen zum Gleiten neigen. Auch gegen Stoß und Schlag ist der Boort empfindlicher als der Karbon. Dies ist von Bedeutung einmal fürs Besetzen der Kronen und zum andern für Bohrungen in Gebirgsarten mit Spalten und Klüften.

Diese Eigenarten des weißen Diamanten bringen es mit sich, daß er trotz geringen Preises (das Karat kostet ungefähr 40 M.) nur wenig benutzt wird.

Fig. 8.

Immerhin kann man sich seiner bedienen in milderem, gleichmäßigem Gebirge.

Wenn nun der Boort als eigentlicher Arbeitsstein der Kronen weniger im Gebrauch ist, so wird er doch vielfach als seitlicher Hilfsstein benutzt. Man versieht die Krone (s. weiter unten) mit Seitensteinen, sowohl auf der Innen- und Außenfläche, um ein Freischneiden der Krone zu erzielen. Hierzu benutzt man vorteilhaft kleine fast runde Boorts, die oft ein erstaunlich festes Gefüge haben im Vergleich mit den größeren Boorts.

Die Karbons sind derbe Diamanten in verschiedensten Formen. Man nennt sie oft auch schwarze Diamanten. Diese Bezeichnung ist insofern irreführend, als der Karbon zumeist wohl dunkelfarbig ist, jedoch durchaus nicht immer schwarz. Man findet ebenso oft graubraune, braune, dunkelrote, grünliche, graugrüne Varietäten mit allen Übergängen in schwarz.

Die Qualität der Karbons variiert außerordentlich und demgemäß auch die Preise. Man zahlt 40—250 M. pro Karat. Für gute einkarätige Steine wird man zurzeit annähernd 180—200 M. anlegen müssen.

Der Karbon nutzt sich weit gleichmäßiger ab als der Boort (vgl. Fig. 9). Es schleifen sich also die Kanten ab, während das innere Gefüge unversehrt bleibt. Wenn die Steine stark überansprucht werden, kommt es auch wohl vor, daß größere Stücke abspringen; besonders bei schlechten Steinen geschieht dies häufiger. Die betreffenden Steine kann man wohl noch einigemal benutzen, man läuft jedoch Gefahr, daß ein gleiches Vorkommnis sich wiederholt.

Während bei der Auswahl von Boorts mehr der Zufall entscheidet, ob man gute oder geringwertige Steine kauft, da alles von der inneren Kristallkonstitution abhängt, die sich der Beurteilung entzieht, so wird andererseits bei Karbonen ein Kenner unschwer die brauchbaren Steine herausfinden. Für eine geschickte Auswahl ist naturgemäß Erfahrung erforderlich, immerhin werden nachstehende Grundsätze gute Dienste leisten.

Bei der Auswahl ist sowohl auf das Gewicht als die Form zu achten; denn ein Karbon wird um so weniger Neigung zur Abnutzung zeigen, je dichter sein Gefüge, je größer also sein spezi-

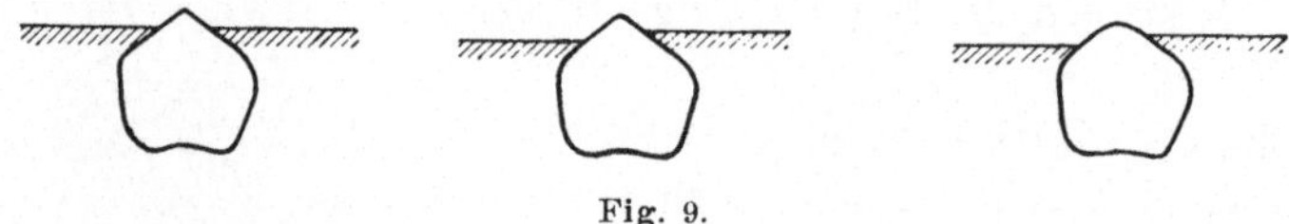

Fig. 9.

fisches Gewicht und ferner je günstiger seine Form ist, nämlich kantenreich, jedoch ohne scharf hervorspringende Ecken und Kanten aufzuweisen.

Ein recht sicheres Kennzeichen für gute Steine ist ihr Glanz, eine Art Pechglanz. Ob ein Stein dicht, spezifisch schwer ist, also festes Gefüge besitzt, kann man nach einiger Übung mit Hilfe der Diamantenwage leicht entscheiden, eine solche kostet ca. 20 M. und ist im übrigen unerläßlich, um die Abnutzung festzustellen. Wiegt man auf einer solchen Wage dem Auge nach gleichgroße Steine, so wird man ohne weiteres bei verschieden gefügten Steinen einen erheblichen Gewichtsunterschied feststellen können.

Manche Karbone sind porös, sie haben ein bienenwabenähnliches Gefüge. Derartige Steine eignen sich nicht für hartes Gebirge, weil sie sich zu stark abnutzen. Andere sind wohl dicht, aber spröde; sie nutzen sich nur wenig ab, neigen aber zur Splitterbildung bei Stoßbeanspruchung in spaltenreicherem Gebirge. Man erkennt sie bisweilen am muscheligen Bruch.

Ein wirklich guter Karbon ist übrigens gegen Stoß lange nicht so empfindlich, als man bisweilen erzählt. Verfasser benutzte einen dunkelroten Karbon zu Bohrungen in sehr schwierigen Konglomeraten. Der Stein wog $1^1/_8$ Karat. Nach ca. 300 m, die der Stein mit erbohrt hatte, war sein Gewicht noch ca. $1^1/_{16}$ Karat. Die Kanten des nahezu prismatischen Steines waren glatt geschliffen, im übrigen war er unverändert. Er befand sich dann gelegentlich in einer Krone so gefaßt, daß er stärker herausragte, als die übrigen Diamanten und somit fast allein arbeitete. Es war dies nicht bemerkt worden und konnte nur konstatiert werden, daß die Bohrung äußerst langsam vorwärts schritt. Es wurde versucht, mit stärkerer Pressung zu arbeiten; der Erfolg war der, daß die Krone stoßweise arbeitete und der ganze Bohrapparat (Urbanekmaschine) trotz Belastung mit schweren Feldsteinen unter lautem Geräusch zu schlagen begann und sich in schnellem Wechsel etwa 1—2 cm hob und senkte. Nachdem der fragliche Stein aus der Krone entfernt worden war, so daß die übrigen Steine ins Arbeiten kamen, wurde der normale Bohrfortschritt erzielt. Trotz dieser gewaltigen Beanspruchung hatte der Stein nicht die geringste Einbuße erlitten.

Der Karbon soll möglichst so groß gewählt werden, wie ihn die Krone tragen kann, d. h. für die üblichen 22 mm Kerne erbohrenden Kronen in der Größe von 1—$1^1/_8$ Karat. Steine von 15 bis 20/64 Karat stellen die unterste Grenze für Verwendung als Hauptsteine dar. Unter dieser Größe kann man die Diamanten nur noch als seitliche Hilfssteine mit Vorteil benutzen, wenn ihre Form (nicht splittrig, sondern rund) dies zuläßt. Es ist klar, daß ein um so größerer Prozentsatz des ursprünglichen Diamantengewichtes ausgenutzt werden kann, je größer das Anfangsgewicht ist. Daher die oben aufgestellte Forderung des Einkaufs der zulässig größten Steine.

Der Kauf der Diamanten vollzieht sich so, daß man von den Händlern[1]) Sortimente der Preislage entsprechend übersandt bekommt. Man kann aus dem Sortiment auswählen. Dabei wird bisweilen die Forderung aufgestellt, daß ein gewisser Gewichtsprozentsatz des Sortimentes unbedingt abzunehmen ist. Dies werden die Diamanten-

[1]) Als Händlerfirmen nennen wir unter anderen: Jacques Baszanger, Paris; Ehrmann & Bahlsen, London; Joh. Urbanek. Frankfurt a. Main.

händler besonders solchen Kunden vorschreiben, die große Erfahrung in der Auswahl der Steine besitzen und nur geringe Mengen abnehmen. Andernfalls würden sie Gefahr laufen, daß nur die allerbesten Steine ausgesucht werden und somit der Durchschnittswert der restierenden zu stark gedrückt wird.

Die Händler pflegen bisweilen Steine zu empfehlen, die durch Spalten größerer Karbons hergestellt werden, und dies mit der Erklärung, man könne bei solchen Steinen das innere Gefüge erkennen. Wir können uns auf Grund von Erfahrungen dieser Ansicht nicht anschließen und ziehen in sich geschlossene Steine vor, über deren inneres Gefüge das Auge und die Wage ziemlich sicher informieren.

Es wird zumeist im Interesse glatten Fortganges der Bohrarbeiten notwendig sein, daß man 2—3 Satz Diamanten anschafft, hinreichend 2—3 Kronen zu besetzen. Diese Forderung ist leicht aufgestellt, aber schwer zu erfüllen. Denn selbst wenn man teuere Steine kauft, wird man doch damit rechnen müssen, daß im Anfang 50 % und mehr der Steine als auf die Dauer unbrauchbar sich erweisen. Die Ursachen sind folgende: Man wird im Anfang von Bohrarbeiten für eigene Regie nur selten über einen geübten Setzer verfügen, hat also Unvollkommenheiten des Setzens in Kauf zu nehmen. Ferner wird die Behandlung der Kronen während der Bohrarbeit zu wünschen übrig lassen und drittens, arbeitet man mit 6 Steinen, die man noch nicht kennt. Viel leichter ist es, wenn man in einen Satz von 5 erprobten Steinen einen sechsten einreiht. Alsdann ist man sicher, daß man die Qualitäten dieses Steines ohne Gefahr zu laufen erproben kann.

Das Besetzen der Kronen. Die Diamanten müssen so in den Stahlkronen befestigt werden, daß sie nicht nur die ganze Ringfläche der Krone decken, sondern auch seitlich etwas herausragen. Ersteres ist notwendig, um den Bohrfortschritt zu bewirken, letzteres dagegen, um einen glatten Durchgang des Spülwassers zu ermöglichen.

Die Krone erhält daher Hauptsteine, die aus der Ringfläche sowie abwechselnd innen oder außen herausragen, und Hilfssteine, die nur seitlich, entweder innen oder außen aus der Krone hervorspringen.

Die Diamanten können in zweierlei Weise in der Krone befestigt werden, nämlich entweder mit Hilfe der Diskenmethode oder mittels Einstemmen.

Diskenmethode. Die Firma Lange und Lorcke und die Peiner Maschinenbau-Gesellschaft besitzen Patente für Ausführung dieser Diskenfassung. Das Wesentliche derselben ist, daß die Diamanten zuvörderst auf Stahlbutzen gefaßt werden (was in der Fabrik der genannten Firmen geschieht) und alsdann in entsprechende Vertiefungen der Stahlkrone eingelassen und darin verlötet werden. Nach den detaillierten Angaben der Firma ist jeder brauchbare Schlosser imstande, die Disken in eine Stahlkrone einzusetzen. Das beistehende Bild gibt eine gute Vorstellung von dieser Besetzungsmethode (Fig. 10).[1])

Fig. 10.

Die Vorteile des Verfahrens sind folgende:

Für den Stahlkörper kann naturgemäß sehr harter Stahl gewählt werden, da irgend ein Bearbeiten mit dem Hammer wegfällt. Der Stahl schleift sich infolgedessen nur in geringfügigem Maße ab, die Steine werden somit viel weniger schnell exponiert. Ferner ist es möglich, die Diamanten mathematisch genau in eine Bohr-

[1]) Die Firma Lange, Lorcke & Cie. verwendet runde Disken, die Peiner Maschinenfabrik nach System Bode Disken mit eckigen Köpfen. Letztere Anordnung gestattet die Benutzung größerer Steine als es bei runden Disken möglich ist.

ebene einzustellen, so daß die Garantie gegeben ist, daß alle Steine arbeiten. Das Verfahren bietet für Gruben, die in eigener Regie bohren, den weiteren Vorteil, daß etwa schadhaft werdende Steine an Ort und Stelle sofort einzeln ausgewechselt werden können. Wenn die Arbeitsfläche der Steine glatt geworden ist, so müssen die Steine wieder in anderer Stellung in neue Butzen gefaßt werden und sind zu diesem Behufe der Firma einzusenden.[1]) Hat man nun hartes Gestein zu erbohren, so kann man damit rechnen, daß die Steine nach 50 cm bis 3 m stumpf werden und sämtlich umgesetzt werden müssen. In solchem Falle ist es unzweckmäßig, das Diskenverfahren anzuwenden. Als untere Grenze für hartes Gestein kann man ungefähr ein solches ansprechen, in welchem das Auffahren von 1 m Strecke in der Dimension 2 m . 1,5 m 30—40 M. kosten würde.

Bei solchem Gebirge, wo man oft umsetzen muß, würde natürlich das Umfassen und Versenden teuer zu stehen kommen und außerdem würde man, was bei einigermaßen schwierigen Diamantbohrungen unerläßlich ist, keine genaue Kenntnis der einzelnen Steine erlangen. Und gerade diese genaue Kenntnis der einzelnen Diamanten ist es, die ein zweckmäßiges Gruppieren der Steine in einzelne Sätze ermöglicht und somit gestattet, durch dauernde Überwachung die Verluste an Diamanten auf ein Minimum herabzudrücken.

Gruben, die beabsichtigen, umfangreiche Bohrungen in eigener Regie durchzuführen und einigermaßen auf härteres Gestein rechnen müssen, tun daher gut, die 2. Methode des Besetzens anzuwenden, nämlich:

Das Einstemmen der Diamanten. Die verschiedenen Phasen der Einstemmarbeit sind:

1. Einteilen der Rohkrone,
2. Ausbohren der Löcher, die die Diamanten aufnehmen sollen,
3. Erweitern derselben, um sie der Form der Diamanten anzupassen,
4. Auskleiden der Löcher mit Füllmasse,
5. Einpassen der Diamanten,
6. Heranziehen des Stahles.

Bei allen diesen Manipulationen wird die Krone fest in einen Schraubstock eingepaßt.

[1]) Für Umsetzen von Haupt- und Hilfssteinen werden seitens der Peiner Maschinenbau-Gesellschaft berechnet 10 resp. 5 M. pro Stück.

Zu 1. Die 22 mm-Kerne liefernde Krone bekommt 6 Hauptsteine, sowie 2 oder 3 Außen- und 2 Innensteine. Man teilt den Umfang mit Zirkel ein und richtet die Krone vor, wie aus Fig. 11 ersichtlich. Ein Körner dient dazu, die Löcher zu markieren; mitten zwischen den einzelnen so bezeichneten Peripherieabschnitten macht man kleine Einschnitte, um später das Heranziehen des Stahles zu erleichtern.

Fig. 11.

Zu 2. Mit Hilfe eines Handbohrers bohrt man die gekörnten Stellen aus. Man bedient sich dazu bei der 22 mm-Krone Bohrer von $2^1/_2$ bis 5 mm, je nach Größe des zu setzenden Steines.

Zu 3. Das so gebohrte Loch muß durch Auseinandertreiben mittels Stemmeisen (Fig. 12) so geformt werden, daß der Diamant gut hineinpaßt in einer Lage, bei welcher er nach der Bohrfläche sowohl, wie nach der Innen- und Außenseite mit schneidenden Kanten herausragt. Es wird dabei naturgemäß nicht möglich sein, das Loch mathematisch genau der Form des Diamanten anzupassen.

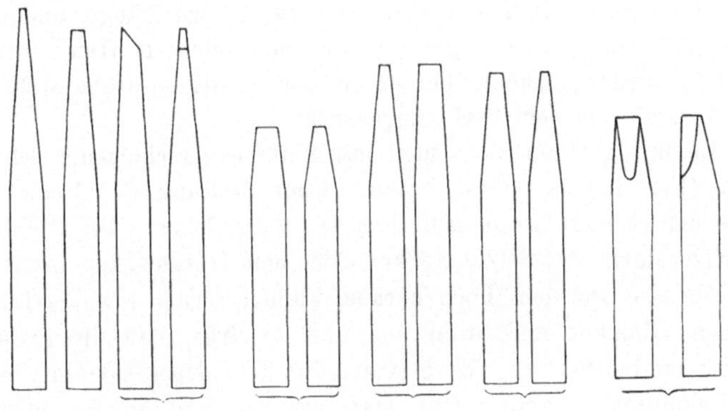

Fig. 12.

Zu 4. Das Loch mit dem eingepaßten Diamanten sehe nunmehr beispielsweise entsprechend Fig. 13 aus. Wollte man jetzt den Stahl herantreiben, so steht zu befürchten, daß einerseits zwischen Diamant und Stahl Hohlräume übrig bleiben und daß andererseits die Partien des Diamantes zu stark eingeklemmt werden könnten, wo Stein gegen Stahl stößt, und daß der Diamant somit eventl. beim Besetzen springen könnte. Man füllt daher entweder die Hohlräume mit Kupfer aus oder, was in der Ausführung einfacher ist, man kleidet das gesamte Loch mit Staniol oder Bleiblech von ca. 1—$1^1/_2$ mm Stärke aus (Fig. 14). Kupfer verdient dann den Vorzug, wenn man vermeiden will, daß sich der Stein beim Bohren in die Füllmasse einpreßt. Am besten ist die Verwendung von Kupfer und Blei. Mit Kupfer füllt man etwa vorhandene größere Hohlräume zwischen Stein und Stahl und die so der Form des Diamanten angepaßte Unterlage kleidet man mit dünnem Bleiblech aus. Über die Wirkung siehe unter 6.

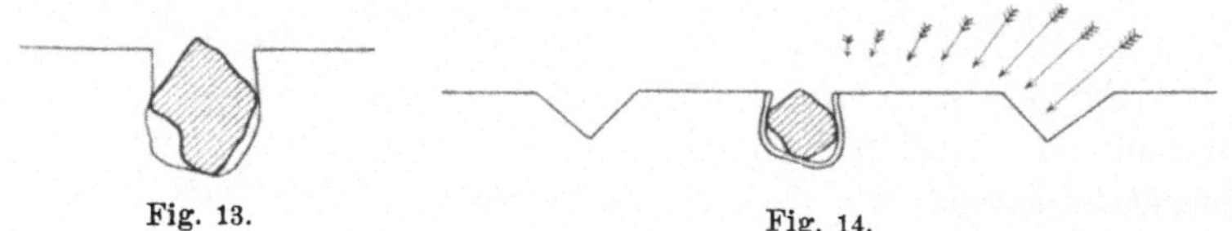

Fig. 13. Fig. 14.

Zu 5. Der Diamant wird jetzt in der gewollten Lage in das Loch eingepreßt, ein Kupferstab von ca. 10 cm Länge und 1 cm Dicke auf den Diamant gesetzt und mit leichtem Hammerschlag der Stein niedergedrückt, bis er in der richtigen Höhe steht und wunschgemäß aus dem Stahl herausragt.

Zu 6. Alsdann zieht man mit Meißeln verschiedener Schneidflächen (Fig. 12) den Stahl heran. Über Stellung der Meißel und Stärke der Schläge wolle man Fig. 14. vergleichen. Die Pfeillänge entspricht darin der Schlagstärke. Bei dem Heranziehen preßt sich die Füllmasse aus dem Loch heraus, kleidet ferner etwaige Lücken zwischen Diamant und Stahl aus und bewirkt, daß die Pressung des gestemmten Stahles sich gleichmäßig über den gesamten Umfang des Diamanten verteilt. Hat man ein Gebirge zu durchbohren, welches scharf ist und somit den Stahl der Krone bedeutend angreift, so kann man etwas mehr Füllmasse verwenden. Denn die Steine werden sich zwar dem Bohrdruck nachgebend etwas in die Füllmasse einpressen, ihre Schneidfläche wird aber immer über die Krone herausragen, weil der Stahl vom scharfen Gebirge weggeschliffen wird. Beim Setzen bietet das Verwenden von mehr Füllmasse den

Vorteil, daß ein Zerschlagen der Steine durch einen ungeübten Setzer kaum vorkommt. Bei hinreichender Übung wird es dem Setzer unschwer möglich sein, während des Verstemmens die Lage des Diamanten um etwa max. 1 mm zu verändern und ihn so in seine günstigste Stellung zu pressen.

Der Anblick der fertigen Krone ist schließlich der in Fig. 15 dargestellte.

Bei einer gut besetzten Krone müssen die Steine alle in einer Ebene liegen. Dies prüft man, indem man die Krone gegen eine Glasplatte oder sonstige glatte Fläche drückt und dreht. Wenn dabei ein Diamant zu weit aus der Krone hervorspringt, so ist

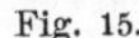

Fig. 15.

Fig. 16.

damit noch durchaus nicht gesagt, daß dies dem betreffenden Steine gefährlich werden müßte. Zumeist wird der Stein sich abschleifen oder aber in die Füllmasse einpressen, wofern dies möglich ist, bis er mit den anderen Steinen in einer Ebene liegt. Das Aussehen der Krone nach einer mehr oder minder langen Einlaufperiode geht aus Fig. 16 hervor.

Das Setzen der äußeren Seitensteine geschieht in der Weise, daß man ein rundes Loch bohrt, auskleidet, den Stein einpaßt und mit besonders geformten Meißeln (Fig. 12) den Stahl herantreibt.

Die Innensteine werden am besten auf Stahlbutzen gefaßt, Löcher durch die Wandung der Krone gebohrt, die Stahlbutzen eingeführt und von außen das Loch verstemmt. Der Zweck der Innen- und Außensteine ist der, die Krone freizuschneiden, damit das Spülwasser mühelos die losgearbeiteten Gesteinsteilchen wegführen kann. Die Reibung derselben an der Stahlkrone wird so auf ein geringes Maß zurückgeführt; die Krone bewahrt ihren Durchmesser und kann daher mehrfach (3—4 mal) benutzt werden, indem man die Steine herausnimmt, die Krone wieder glatt feilt und neu besetzt. Die seitlichen Hilfssteine setzt man tunlichst hoch, damit sie den unteren Rand der Hauptsteine decken und deren Abnutzung verringern. Das Herausnehmen der Steine erfolgt sehr einfach mit Hilfe einer Säge, wie skizziert (Fig. 17). Man macht 2 Einschnitte, wie skizziert, *a—a b—b*, setzt einen scharfen Meißel in Richtung der Pfeile an und löst durch leichten Hammerschlag die untersägten Kronenteile.

Ein geübter Setzer kann nach der geschilderten Einstemmmethode eine Krone ausfassen und neu fassen in einem Zeitraume von 5—6 Stunden. Jeder geübte Schlosser, der nicht weitsichtig ist, die nötige Ruhe besitzt, vermag das Setzen unschwer zu erlernen. Man lasse ihn zuerst kleine Eisenstückchen setzen und opfere zu diesem Zweck einige Stahlkronen. Hat er etwa 10 mal eine Krone vollständig gefaßt und ausgefaßt, so wird er in der Lage sein, eine Krone auch einigermaßen leidlich mit Diamanten zu besetzen. Immerhin ist zu empfehlen, anfangs bedächtig mit den Bohrungen voranzuschreiten, dauernd die Krone mit der Schubleere zu prüfen und mit der Lupe die einzelnen Steine zu beobachten. Ferner ist selbstverständlich, daß jedes Spiel Diamanten vor und nach Gebrauch mit der Diamantenwage gewogen wird.

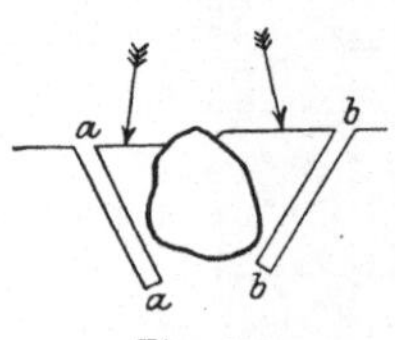

Fig. 17.

Beobachtet man die im vorstehenden erwähnten Vorsichtsmaßregeln, so wird man selbst bei schwierigem Gestein der Diamantbohrungen bald Herr werden.

Es erübrigt noch, einige ergänzende Bemerkungen betreffs der Kronen zu machen.

Man versieht die Kronen innen und außen mit Nuten, die als Spülrinnen dienen. An ihrem unteren Ende tragen sie Gewinde, damit sie in das Kernrohr eingeschraubt werden können. Die Kerne, die beim Bohren erzeugt werden, treten in das Innere der Krone und des Kernrohres ein. Man wird nun im allgemeinen nicht eher das Bohren unterbrechen, als bis eine Kernklemmung ein weiteres Vorwärtsrücken der Krone unmöglich macht. Solche Kernklemmungen kommen bei brüchigem Gebirge bisweilen aller 10—15 cm vor. Um die Kerne sicher nach oben befördern zu können, ist es notwendig, sie in der Krone und dem Kernrohr festzuhalten. Zu diesem Zwecke bedient man sich eines Kernfängers (Fig. 18). Dies ist ein elastischer, mit 3 Konen versehener Ring, welcher in ein konisches Endstück der Krone oder in eine konische, zwischen Krone und Kernrohr geschaltete Kernfangmuffe hineinpaßt (Fig. 19). Dieser Kernfänger wird oft mit kleinen Diamanten besetzt, um zu starke Abnutzung zu vermeiden und dauernd guten Kontakt zwischen Fänger und Kern zu erzielen. Beim Niedergehen des Gestänges läßt der Kernfänger den Kern passieren, beim Aufwärtsgehen klemmt er den Kern fest und reißt ihn gegebenenfalls von der Bohrlochsohle ab. Für Sicherung glatten Bohrfortschrittes ist es notwendig, daß der Kernfänger gut arbeitet. Denn nichts ist gefährlicher, als wenn Bruchstücke von Kernen auf der Bohrlochsohle liegen bleiben und beim Fortsetzen der Bohrung die Diamanten gezwungen sind, auf diesen Bruchstückchen herumzutanzen, um sie zu zerkleinern. Sollte der Fall eintreten, daß Kernteile auf der Bohrlochsohle zurückbleiben, so säubert man zweckmäßig das Bohrloch, indem man eine Fangkrone einführt. Dieselbe stellt man sich aus einer alten Krone her, die man, wie in Fig. 20 dargestellt, mit 3—4 elastischen Stahlblättchen versieht.

Fig. 18.

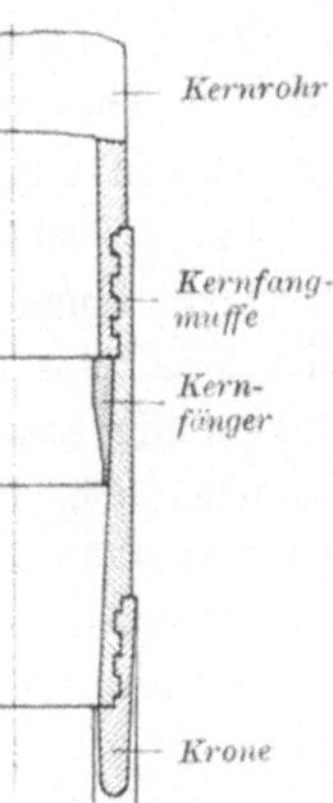

Fig. 19.

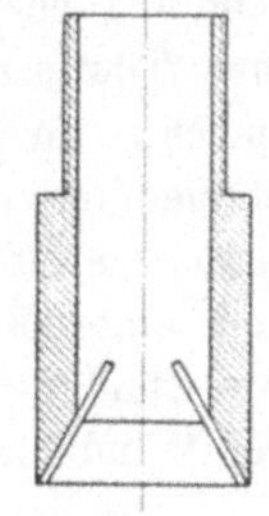

Fig. 20.

4. Antriebsmotoren.

Wenn irgend möglich soll man maschinellen Antrieb zur Anwendung bringen. Der Fortschritt ist im allgemeinen beinahe doppelt so groß wie bei Handbetrieb, der Diamantenverbrauch ist durchaus nicht höher, im Gegenteil zumeist niedriger und wegen Ersparnis von Löhnen wird das Bohren wesentlich verbilligt.

Für den maschinellen Antrieb kommen Gas-, Preßluft- und Elektromotoren, sowie Dampfmaschinen in Frage. 2—3 PS. werden für die üblichen Anforderungen zumeist genügen. Bei Bohrungen über 100 m wird man einen Motor von etwa 5—8 PS. benötigen. Direkte Kuppelung ist ebenso oft üblich, wie Trennung von Motor und Bohrmaschine in Verbindung mit Riemenübertragung.

Mehr als Kuriosität erwähnen wir, daß auch Antrieb unter Benutzung von Göpeln zur Ausführung gelangt. Der Preis eines solchen Antriebes ist ungefähr 500 M.

Gasmotoren. Als Brennstoff für die Gasmotoren kommen in Frage: Benzin, Benzol, Alkohol, Petroleum. Was die Konstruktion betrifft, so tut man gut, sog. Industriemotore zu wählen und nicht Automobilmotore. Erstere sind robuster gebaut, ohne zu schwer zu sein und vertragen besser eine rohe Behandlung. Dazu kommt, daß ihre Tourenzahl den Anforderungen der Bohrmaschine besser entspricht. In der Grube wird man Gasmotore nur wenig anwenden können, da die Abgase zumeist Gestank verursachen. Um so vorteilhafter ist ihre Verwendung über Tage wegen der Unabhängigkeit von einer Kesselanlage und wegen ihrer leichten Beweglichkeit. Als Zündung ist elektrische zu empfehlen, da die Glührohrzündung bei Wind leicht zu Scherereien Veranlassung gibt.

Der Verbrauch an Benzin beträgt etwa 10—12 Pf. pro Pferdekraftstunde und einem Preis von etwa 35—40 Pf. pro Kilogramm Benzin.

Zur Orientierung geben wir nachstehend als Beispiel eine Liste der Gardner-Motoren wieder (vgl. auch Fig. 21), welche von der Firma Nouvelet und Lacombe zu Asnières bei Paris vertrieben werden.

PS.	1	2—2$^1/_2$	3—3$^1/_2$	5	
Tourenzahl . .	700	550	500	450	
Gewicht . . .	100	150	290	375	kg
Preis	600	850	1400	1600	Frs.

Soll der Motor unter Benutzung von Alkohol oder Petroleum als Brennstoff verwandt werden, so wird ein kleiner Zuschlag zu dem Preise gemacht; desgleichen für elektrische Zündung.

Preßluftantrieb. Der Antrieb durch Preßluft ist für unterirdische Arbeit vorzuziehen und zumeist durch Vorhandensein einer

Fig. 21.

Preßluftanlage begünstigt. Bei den amerikanischen Maschinen ist fast stets der Antriebsmotor direkt mit der Maschine verbunden und durch Zahnräder gekuppelt. Die American Diamond Rock Drill versieht ihre Maschinen fast ausnahmslos mit Doppelzylinder, die oszillieren. Es wird dadurch ein besonders ruhiger und stoßfreier Gang erzielt.

Die Bohrmaschinen deutschen Fabrikates können mittels Preßluftmotoren nur unter Benutzung von Riemenübertragung angetrieben werden.

Fig. 22.

Antrieb mittels Dampfkraft. Dampfantrieb wird zumeist in unkultivierten Gegenden die einzig brauchbare Antriebsart darstellen. Zur Dampferzeugung können Lokomobilen Verwendung finden oder in gebirgigen Gegenden tragbare Kessel, wie solche die Firma Sullivan in den Handel bringt. Diese Kessel werden nur in der Stärke von 4 PS. geliefert. Benötigt man mehr Kraft, so muß man mehrere Kessel mit Hilfe eines Dampfsammlers zusammenkuppeln. Gewicht und Dimensionen eines solchen Kessels (Fig. 22) sind aus nachstehender Zusammenstellung ersichtlich:

Durchmesser	457	mm
Höhe	1473	„
Schwerstes Stück	61	kg
Gesamtgewicht	544	„
Preis	rund 1000	Frs.

Elektrischer Antrieb. Bei der großen Verbreitung des elektrischen Antriebes und der Vollendung, mit welcher heutzutage Zahnradübersetzungen ausgeführt werden, kann der elektrische Antrieb vielfach in Konkurrenz treten. Einige Firmen liefern Maschinen, bei welchen der Elektromotor direkt mit der Bohrmaschine verbunden ist. In der Praxis finden derartige Maschinen wenig Anwendung. Sie sind relativ sehr teuer und gleichen in Betriebssicherheit nicht den Preßluftmodellen.

Bei umfangreichen Schürfbohrungen in kupiertem Terrain ist es gelegentlich schon vorgekommen, daß man eine kleine Wasserkraft mit Peltonmotor eigens ausbaute, um eine Primäranlage zu schaffen.

Im allgemeinen werden jedoch in erster Linie nur Gasmotore, Preßluft- oder Dampfantrieb in engere Wahl treten, wenn man die Absicht hat, maschinell zu bohren.

5. Zubehörteile nebst Bemerkungen über die Ausführung der Bohrarbeiten.

Die Durchmesser von Kern, Bohrloch und Gestänge, die den Apparaten der einzelnen Firmen zugrunde liegen, sind folgende:

American	22	mm	25	mm	32	mm	38	mm	Kern
Diamond	32	„	40	„	46	„	52	„	Bohrloch
	25	„	33	„	33	„	48	„	Gestänge
Internationale Bohrgesellschaft	39	„	—		51	„	63	„	Bohrloch
Lange, Lorcke . .	22	„	—		34	„	45	„	Kern
	35	„	—		55	„	68	„	Bohrloch
	33,5	„	—		52	„	63,5	„	Gestänge

Peiner Maschinenbau-Gesellschaft	17,5 „	23,5 „	30 „	36,5 „	Kern
	34,5 „	40,5 „	47 „	53,5 „	Bohrloch
Sullivan	23,8 „	28 „	34,5 „	51 „	Kern
	39,2 „	45,6 „	52,5 „	71,6 „	Bohrloch
	33 „	41 „	49 „	60,5 „	Gestänge
Urbanek	22 „	—	34 „	45 „	Kern
	35 „	—	55 „	72 „	Bohrloch
	33 „	—	42 „	42 „	Gestänge.

Der Kronendurchmesser und die Wandstärke sind insofern von Bedeutung, als von ihnen die abzubohrende Ringfläche des Gesteins abhängt und naturgemäß der Bohrfortschritt um so größer und der Diamantenverbrauch um so kleiner ist, je kleiner der Inhalt der zu bohrenden Ringfläche. Die Grenze der Wandstärke nach unten ist durch die Größe der Steine bedingt, die man verwenden will.

Fig. 23.

Die zum Bohren verwendeten Rohre sind beste nahtlose Stahlrohre von etwa 1,5, 3,0, 6,0 m Länge, die mittels Nippel verbunden werden. Die Nippel tragen Flachgewinde von 3—4 mm Steigung und sind hohl, damit das Spülwasser passieren kann. Am obern Ende der Rohrtour ist ein Wasserwirbel anzubringen (Fig. 23), welcher die Verbindung der rotierenden Rohrtour mit dem feststehenden Druckschlauch der Pumpe ermöglicht.

Die gewöhnlichen Bohrrohre haben zu geringen Innendurchmesser, als daß die Kerne passieren könnten. Man benutzt daher als Kernrohr ein besonderes Rohr, dessen äußerer Durchmesser dem der Krone gleicht. Die Länge desselben ist 0,5 oder 1,5 oder 3,0 m.

Doppeltes Kernrohr, welches aus 2 konzentrischen Rohren besteht, von denen nur das äußere sich mit der Krone dreht, während das innere an den Kernen entlang gleitet und sie wie ein Etui schützt, wird von Sullivan in leicht zerreiblichem Terrain empfohlen.

Bei Teufen über 50 m wird der zwischen Bohrlochwand und Gestänge aufsteigende Spülstrom sehr verlangsamt; schwerere Bohrschmandteile werden dadurch wohl von der Bohrlochsohle hinweggespült, kommen aber nicht zutage, sondern schweben kurz hinter der Kernrohrtour. Sobald nun ein Stillstand der Bohrung oder der Spülung eintritt, fallen diese schwebenden Teile zur Bohrlochsohle nieder und klemmen die Krone und Kernrohrtour fest und können die Bohrung gefährden. Zur Vermeidung dieser Gefahr wird hinter der Kernrohrtour ein eigenartig mit Schlitzen und Löchern versehenes, längeres, doppelwandiges sog. Schlammrohr eingefügt, in welchem die schweren Bohrschmandteile sich absetzen können. Nach jedesmaligem Rohraufholen reinigt man dieses Schlammrohr.

Fig. 24.

Um die Gestänge zu ziehen, sind bei kleineren Teufen besondere Vorbereitungen nicht nötig. Die bei der Urbanek-Maschine verwandten Rohre kann man beispielsweise noch bis ca. 10—12 m ohne jede Vorkehrungen von Hand ziehen.

Bei größeren Teufen verwendet man Froschklauen (vgl. z. B. Fig. 44) oder am besten Haspel unter Zuhilfenahme einer Fußklaue (Fig. 24). Die Arbeitsweise der letzteren ist aus der Figur ohne weiteres ersichtlich. Der Haspel ist entweder an der Bohrmaschine selbst oder an dem Bohrgerüst befestigt. Eine sehr praktische, von der Firma Urbanek für oberirdische Bohrungen vorgeschlagene Gesamtanordnung ist aus beigefügter Zeichnung ersichtlich (Fig. 25 *a* u. *b*). Auch die Internationale Bohrgesellschaft befestigt die Winde am Förderbock und nicht an der Maschine.

Die amerikanischen Firmen liefern eiserne Gerüste in spezieller Ausführung.

Es wird oft vorkommen, daß man bei Schürfbohrungen die Bohrung nicht sofort auf dem Felsen ansetzen kann, daß man viel-

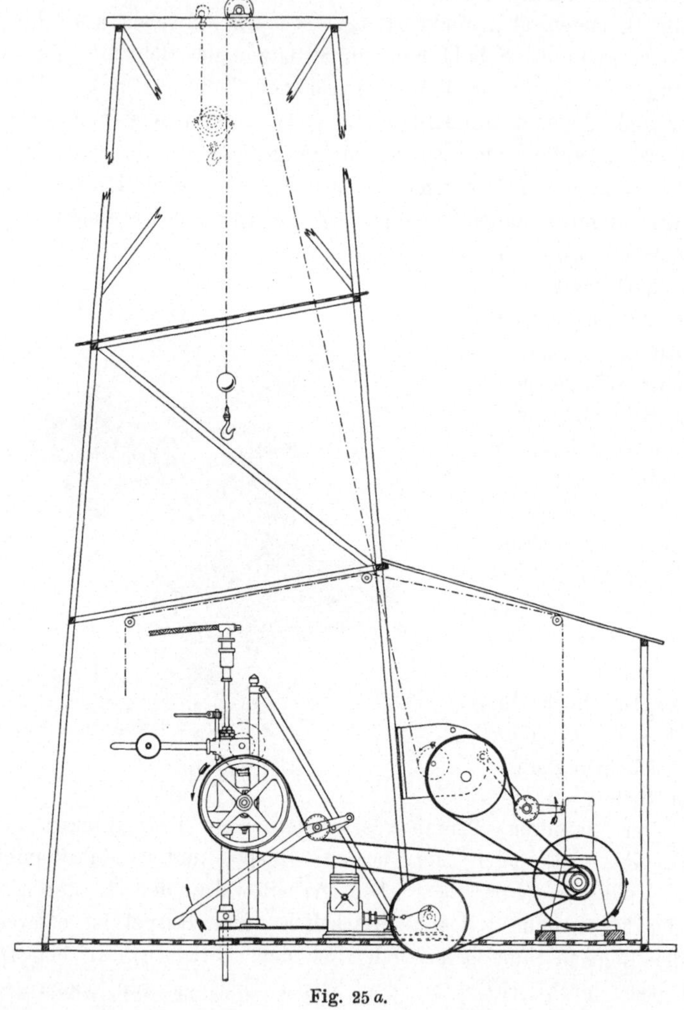

Fig. 25 *a*.

mehr gezwungen ist, Erd- oder Geröllschichten zu durchörtern. In diesem Falle bringt man zuvörderst eine Rohrtour nieder, die die zu verwendenden Bohrrohre leicht passieren läßt. Handelt es sich nur um Teufen bis etwa 5 m, so bohrt man mit einem breiten

Meißelbohrer das Loch vor. Alsdann treibt man in das Loch ein Rohr ein, indem man mit einem schweren Hammer daraufschlägt. Das Rohr wird sich unten zusacken und muß daher mehrfach aufgeholt und gereinigt werden.

Bei mächtigeren Geröllschichten bedient man sich einer Ramme statt des Hammers und versieht ferner das Rohr an seinem Ende mit einem Senkschuh. Gelangt man mit einer Rohrtour nicht tief genug, so muß man, wie beim Senkschachtverfahren, ein zweites Rohr im ersten niederbringen. Die im Rohrinnern sich festsetzenden Massen werden mittels Spülstromes angeschlämmt und nach oben befördert. Etwaige Geröllstücke zerkleinert man durch Meißelbohrung.

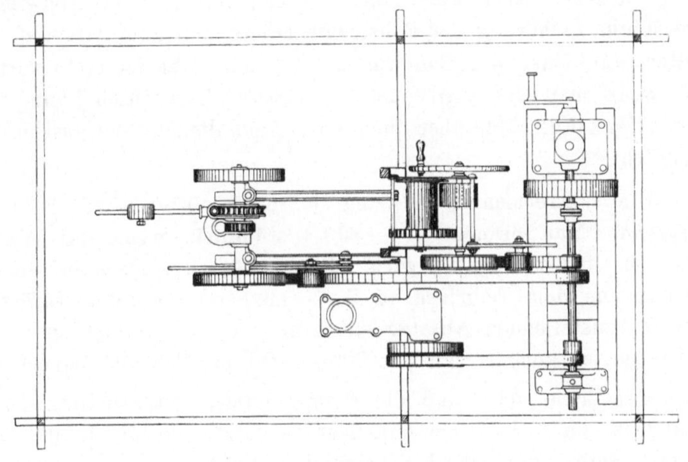

Fig. 25 *b*.

Der eben dargestellte Fall ist ein außergewöhnlicher, mit dem man bei den normalen Schürfbohrungen kaum zu tun haben wird. Die Ausführung der Bohrungen wird sich zumeist sehr einfach gestalten, wenn man erst die nötige Erfahrung im Besetzen der Kronen und im Beurteilen der Steine gewonnen hat.

Wir wollen jedoch nicht verabsäumen, nochmals darauf hinzuweisen, daß vor allem die Bohrlochsohle reinzuhalten ist, damit die Diamanten nicht auf abgebröckelten Stücken der Bohrlochwandung oder auf beim Gestängeziehen liegengebliebenen Kernstücken herumtanzen. Ferner beginne man die Bohrung nie, ehe man sich überzeugt hat, daß die Spülpumpe gut arbeitet, damit man sicher ist, daß die Krone gekühlt wird und sich somit nicht festbrennen kann. Bleibt das Spülwasser aus oder ist Nachbröckeln der Bohrlochwandung zu befürchten, so zementiere man das Bohrloch. Dabei geht man wie folgt vor: Man rührt Schnellbinderzement dick an, so daß er eben fließt, und gießt ihn, nachdem man die Rohrtour ins Bohrloch eingeführt, in dieselbe hinein, bis die Rohrtour angefüllt ist. Die unteren Partien des Zementes werden vermöge der auf ihnen lastenden Pressung in die Gebirgsschichten eindringen. Nach ca. 5—10 Minuten zieht man die Rohrtour ganz langsam empor, reinigt sie und kann nach einer halben Stunde bereits wieder mit Bohren beginnen. Man durchbohrt alsdann zuerst den Zement, was sich spielend bewerkstelligen läßt. Dieses primitive Verfahren genügt zumeist zur Sicherung der Bohrlochwandung und zum Abschluß von Spalten, auf denen das Bohrwasser entweicht. Es ist stets vorteilhaft, wenn man das austretende Spülwasser beobachten kann, weil es sofortigen Aufschluß über die vor Ort befindlichen Gebirgsschichten ermöglicht.

Die Wassermenge, die zum Bohren benötigt wird, ist nicht bedeutend. Man braucht 700—800 l stündlich, wenn das Wasser nicht von neuem benutzt wird. Fängt man es jedoch bei seinem Austritt aus dem Bohrloch in 2—3 kleinen, aus alten Ölfässern leicht herzustellenden Absatzgefäßen auf, um es geklärt erneut zu verwenden, so kommt man mit 300—400 l pro Schicht bequem aus.

Man habe acht, daß die Pumpe immer gut arbeitet, um zu verhindern, daß die niedersinkenden Schlammteile die Krone festbacken. Sollte sie sich doch einmal festsetzen, so kann man sie bisweilen mit Hilfe einer Kesseldruckpumpe freispülen oder mit Flaschenzügen usw. lüften. Bei Handbohrbetrieb benötigt man einen Mann für die Bedienung des Hebels, einen für die Pumpe, 4 für das Drehen. Bei Maschinenbetrieb kommt man bei Teufen bis 10 m mit 2 Mann aus, darüber benötigt man 3. Außer den genannten Mannschaften ist noch der Setzer zu rechnen.

Für Aufbewahrung der Kerne benutze man Kernkästen, die 10 Fächer zu 1 m umfassen. Da man immer Kernverlust hat und nur in seltenen Fällen 100 % Kern erzielt, so bietet die Verwendung eines derartigen Kastens die Gewißheit, daß die Kerne ziemlich genau ihrer wahren Teufe entsprechend eingereiht werden.

Die Notiz der Bohrresultate muß man sehr peinlich durchführen, wenn man aus den Bohrungen vollen Vorteil ziehen will. Als Beispiel vgl. Fig. 26. Was die Behandlung der Kerne selbst anbelangt, so empfiehlt es sich, zuvörderst sämtliches Kernmaterial aufzubewahren. Hat man später durch vergleichende Resultate anderer Bohrungen Klarheit über die Bedeutung der durchbohrten Schichten gewonnen, so behält man am besten von den durchbohrten tauben Schichten Proben zurück als Illustration des bereits aufgestellten Profiles, während man die erzführenden Partien ganz aufhebt.

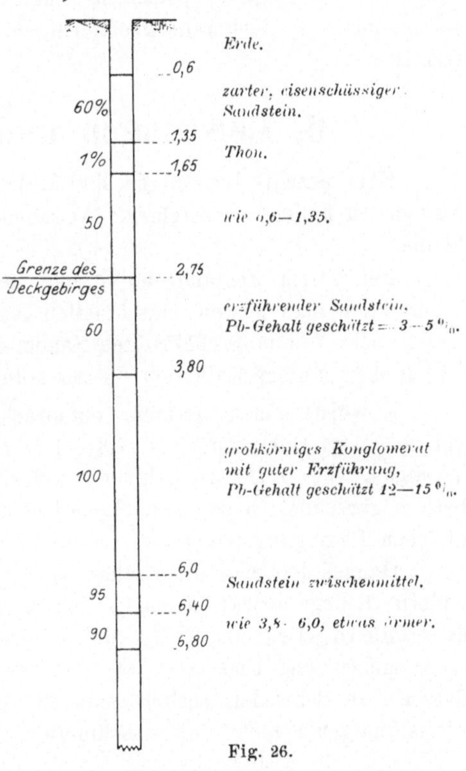

Fig. 26.

Vom Analysieren solcher Erze, die man sowieso nach dem Augenschein beurteilen kann, Bleiglanz, Kupferkies, Zinkblende usw., halte ich nichts. Denn es ist später, wenn man auf den Bohrergebnissen basierend bergmännische Arbeiten treibt, oft recht vorteilhaft, die Kerne als Vergleichsmaterial heranziehen zu können. Ich empfehle vielmehr in Erzblöcken verschiedener Qualität Probebohrungen vorzunehmen und die so gewonnenen Kerne zu analysieren, damit man die Kerne beurteilen lernt.

Handelt es sich im wesentlichen um edlere Erze, wie Silber- und Golderze, so ist eine Beurteilung der Kerne nach dem Aussehen unmöglich und daher die Analyse unerläßlich zur Beurteilung des Bohrergebnisses.

Man wird an Hand der bisher gegebenen Anweisungen ohne große Mühe der Schwierigkeiten der Bohrungen Herr werden können, sofern sich das Gebirge überhaupt für Diamantbohrungen eignet. Jedes kompakte Gestein kann durchbohrt werden. Wird jedoch das Gebirge locker oder spaltenreich, so kann gleichwohl noch gebohrt werden, wenn die einzelnen Gebirgspartikel nicht zu hart sind. Sind sie dagegen hart und quarzig, so ist die Diamantbohrung wohl möglich, jedoch so teuer, daß man besser verzichtet, so besonders in lockeren, grobkörnigen Sandsteinen oder lockeren Geröllen.

6. Leistungen und Kosten.

Über erzielte Leistungen sind in der Literatur nur recht wenig Notizen zu finden; nachstehende Angaben werden als Anhalt dienen können.

Bei gutem Zustand der Krone und ununterbrochener Bohrarbeit kann man leisten, maschinellen Antrieb vorausgesetzt:

a) in sehr festem grobkörnigen Sandstein 20—30 cm,

b) in kompaktem Kalkstein 60 cm stündlich.

a würde einem Gestein entsprechen, in welchem 1 m Ort von 2 . 1,5 m Querschnitt ca. 100—120 M. kosten würde bei einem Verdienst von 5 M. pro Schicht, Explosivstoffe zu Lasten des Arbeiters gerechnet; b dagegen einem Gestein, in welchem unter sonst gleichen Bedingungen ein Ort ca. 50—60 M. wert ist.

Danach hat man einen rohen Anhalt, was man in irgend einem andern Gebirge erwarten darf. Bei Dauerbetrieb verringern sich diese Ziffern etwa um 33 %, da unvorhergesehene Störungen, Gestängeziehen und Umsetzen der Bohrmaschine die Leistung beeinflussen. In Schweden rechnet man für Bohrungen unter 50 m bei neunstündiger Schicht und maschinellem Antrieb

in Grauwacke	1,0	m,
„ Gneis	0,5—1,5	„
„ Pyroxen und Diorit	2,0	„
„ Magnetit	3,0	„
„ Dolomit und Kalken . .	3,5—4,0	„ .

An anderer Stelle sind in mittelhartem Dolomit erzielt worden:

bei 9—10 stündiger Arbeitszeit und Handbetrieb 3—6 m,

„ 9—10 „ „ „ maschinellem Betrieb 5—10 m.

Über Kosten sind in der Literatur gleichfalls sehr wenig Notizen vorhanden, und die Notizen, die da sind, sind schlecht zu verwerten, da sie sich in den seltensten Fällen auf eine Gebirgsart beziehen, sondern auf Reihen von Bohrungen in verschiedenstem Gestein. Stets fehlt ein Vergleichsmaßstab, denn die Angabe, daß ein Meter im Sandstein soundsoviel gekostet habe, ist viel zu unsicher mit Rücksicht auf die verschiedenen Qualitäten von Sandstein. Es würde sich jedoch mühelos eine Skala aufstellen lassen, wenn man als Vergleich die Kosten pro Meter Ort in gleichem Gestein heranzöge. Verfasser hat in einer Reihe von Fällen feststellen können, daß die Kosten der Diamantbohrung etwa $^1/_4$—$^1/_5$ der Streckenkosten in gleichem Gebirge ausmachen. Dabei ist geübtes Personal und gute Auswahl der Diamanten vorausgesetzt. Im Anfang, besonders wenn man mit schwierigem Gebirge zu tun hat, können die Kosten leicht viel höhere sein wegen viel größerer Diamantenverluste. So sanken die Kosten pro Meter Bohrloch in einem dem Verfasser bekannten Falle von 100—120 M. im Anfang auf 15—25 M. nach ca. 3 monatlicher Bohrkampagne.

Sullivan gibt folgende Zahlen für Diamantenverbrauch an, die tatsächlich bei größeren Bohrkampagnen erzielt wurden und die sehr wohl innegehalten werden können:

Krist. Kalkstein, Hornblende, Granit und Quarz, teilweise spaltenführend	2,35 M.
Sehr harter Granit, Quarz, Syenit	17,30 „
Eisen führender Schiefer, Diorit, Jaspis, Quarzit	4,30 „
Eisen führender Schiefer, Jaspis, Sandstein und Marmor	8,60 „
Hämatit, Jaspis, dioritischer Schiefer	3,60 „

7. Anwendung der Bohrungen im Bergbau.

Wie wir in der Einleitung bemerkten, begegnet man oft der Ansicht, daß die Diamantbohrungen im Erzbergbau unzweckmäßig seien, da der Bohrkern nur einen minimalen Teil der zu erforschenden Erzpartie umfassen könne und somit Folgerungen auf ihn basiert, leicht vollkommen irre führen könnten. Um über den Wert der Bohrungen Klarheit zu gewinnen, wollen wir auf Form und Inhalt der Lagerstätten getrennt Rücksicht nehmen und wollen uns hierbei auf den Erzbergbau beschränken, wo die Aufschlußarbeiten mit bei weitem größeren Schwierigkeiten zu kämpfen haben als in Kohle oder Kali. Analoge Rückschlüsse auf Kohle und Kali sind an Hand der nachstehenden Erörterungen unschwer durchführbar.

Es ist unstreitig, daß die Bohrungen den Strecken vorzuziehen sind, wenn es gilt, stratigraphische Verhältnisse zu klären. Sie haben den Vorteil der geringen Kosten, der Schnelligkeit des Resultates und gewähren die Möglichkeit, friedlich im Bureau sitzend an Hand der Kerne und Grubenkarte vergleichende Beobachtungen anstellen zu können.

Man wird sich so oft in ganz kurzer Zeit ein Bild von den stratigraphischen Verhältnissen machen können und imstande sein, einen unsicheren Faktor bei Beurteilung von Erzgruben nahezu auszuschalten.

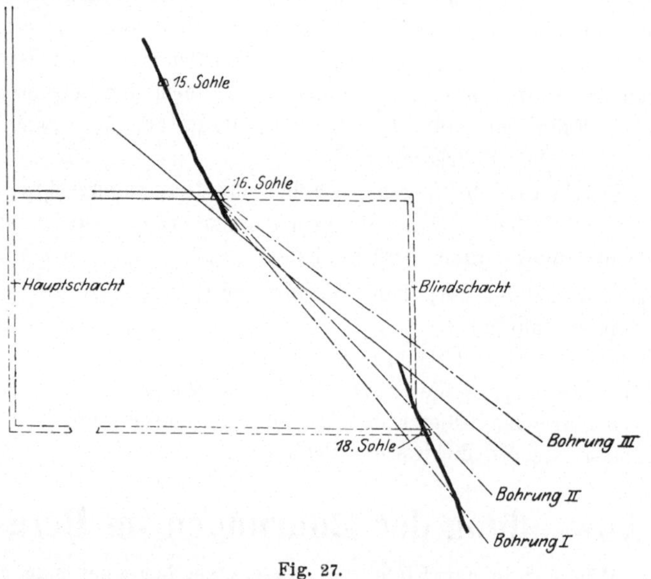

Fig. 27.

Man sei beispielsweise mit der Ausrichtung und dem Abbau eines Blei-Zinkerzvorkommens bis zur 16. Sohle vorgeschritten und entdecke mittels im Gang getriebenen Gesenkes, daß unterhalb dieser Sohle der Gang ausspitze. Nähere Untersuchungen lassen vermuten, daß eine Bankverwerfung vorliege. Das Gesenk wird im Fallen der Verwerfung weiter getrieben, jedoch resultatlos. Es erheben sich die Fragen: Setzt der Gang überhaupt wieder an? Wenn ja, in welcher Teufe? In welcher Horizontalentfernung von der 16. Sohle? Soll man als Versuchsarbeit zuvörderst ein kleines Gesenk niederbringen und in 50 m Teufe, eventl. 75 oder 100 m Teufe nach dem Gang ausqueren? Oder soll man aufs Ganze gehen und den Hauptschacht teufen? Oder ist es vielleicht nicht besser, von dieser 16. Sohle einen Blindschacht anzusetzen, um den vom Hauptschacht zu treibenden vielleicht auf 600 oder gar 800 m je nach Verwurfweite anwachsenden Hauptquerschlag (der auf der 16. Sohle sei bereits 400 m lang) zu vermeiden? Ob man nun Haupt- oder Blindschacht teuft, wird nicht vielleicht die ganze 17. Sohle überhaupt ausfallen, da der Gang erst tiefer ansetzt?

Mit Rücksicht auf die Zeitdauer aller Gesteinsarbeiten sind diese Fragen wohl angetan, die Betriebsleiter nervös zu machen. Mit einigen Diamantbohrungen würde binnen wenigen Monaten jeder Zweifel behoben werden können (Fig. 27).

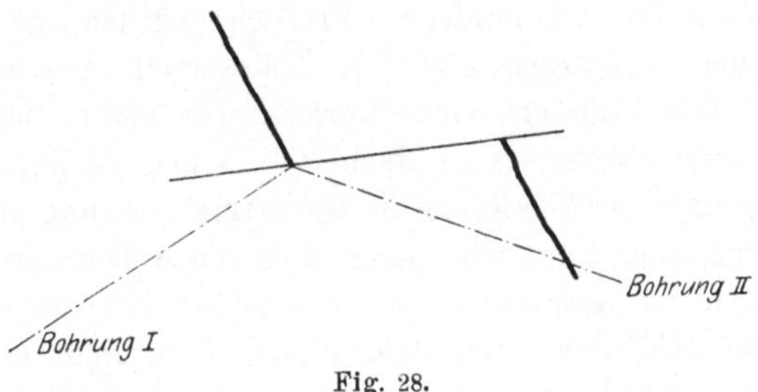

Fig. 28.

Das Gleiche gilt von Horizontalverwerfungen. Oft genug weiß man nicht, wenn man erstmalig auf eine Verwerfung in einem Grubenfelde stößt, ob man nach rechts oder links ausrichten soll: dies gilt besonders bei steilfallenden Gängen ohne Gangverschleppung. Auch in diesem Falle ist eine Bohrung geeignet, die stratigraphischen Verhältnisse unschwer zu klären (Fig. 28).

Dergleichen Beispiele ließen sich noch viele anführen. Etwas anders liegen die Umstände, wenn man von den Bohrungen Aufschluß über den Inhalt der Lagerstätten verlangt. Um hierüber Klarheit zu gewinnen, müssen wir etwas weiter ausholen.[1])

Man hat bekanntlich bei Metall-Erzgruben alle möglichen Abstufungen in der Regelmäßigkeit von Form und Inhalt.

[1]) Man vgl. auch des Verfassers Abhandlung: Technisch-wirtschaftliche Grundlagen und Wertberechnung von Erzbergwerken: erschienen in „Zeitschrift für praktische Geologie“, August 1911.

Bei Beurteilung eines Vorkommens ist es daher das erste, Gewißheit darüber zu bekommen, ob eine regelmäßige oder mehr oder minder unregelmäßige Lagerstätte vorliegt. Nachdem man versucht hat, an Hand der sichtbaren Aufschlüsse, soweit angängig, die diesbezügliche Erkenntnis zu erlangen, kann man ermessen, wie weit man in seinen rein logischen Folgerungen über die Grenze des Sichtbaren hinaus gehen darf.

Diese Schlüsse sind natürlich stets mit einer gewissen Unsicherheit behaftet und auf sie ist es insonderheit zurückzuführen, wenn der Erzbergbau einen eminent spekulativen und unsicheren Charakter trägt nicht zum Vorteil derer, die es wirklich ernst mit dem Erzbergbau meinen und nicht bloß die Absicht haben, Zwischen- oder sonstige Spekulationsgewinne einzuheimsen.

Die Bohrungen sind vielfach imstande, die geschilderten Verhältnisse wesentlich zu mildern. Freilich würden sie wohl gar mancher Grube in kurzer Zeit das Todesurteil sprechen. Daran wird zumeist den Besitzern eines Vorkommens nichts liegen, da sie oft das Interesse haben, die Unklarheit bestehen zu lassen, um von Verbesserung nach der Teufe und in der Streichrichtung phantasieren zu können und über kurz oder lang doch einen Dummen zu finden und zum Kaufe zu veranlassen, anstatt selbst gezwungen zu sein, die Grube zu schließen. Bei dem künstlichen Amlebenhalten der Gruben gehen jedoch im ganzen genommen große Kapitalien verloren, und es kann nur empfohlen werden, bei allen Erzbergwerken die Devise zu befolgen: Klarheit zu schaffen in geologischer, technischer und wirtschaftlicher Hinsicht, und zwar schnellstens und ohne Pfennigfuchserei; ist das Unternehmen lebensfähig, um so besser, wenn nicht, schließe man, ohne dem verlorenem Kapital Thränen nachzuweinen, baldmöglichst den Betrieb.

Es dürfte sicher kein Zufall sein, daß in den Vereinigten Staaten, wo der Erzbergbau in höchster Blüte steht, die Bohrungen mit Diamant eine so große Bedeutung besitzen. Man vgl. beispielsweise beistehendes Diagramm (Fig. 29) der in einem Erzbergwerk des Felsengebirges ausgeführten Schürfbohrungen. Wo ist ein europäisches Erzbergwerk, in welchem man in so ergiebigem Maße zu dem Hilfsmittel der Diamantbohrungen seine Zuflucht genommen hätte? Wenn nun eine einzelne Bohrung wohl brauchbare Rückschlüsse auf die stratigraphischen Verhältnisse, jedoch nur in seltenen Fällen auf den Inhalt eines Vorkommens verstattet, so ist es eben je nach mehr oder minder großer Unregelmäßigkeit der Lagerstätte die mehr oder minder große Zahl von Bohrungen, welche es höchst wahrscheinlich macht, daß die Durchschnittsresultate sich mit den tatsächlichen Verhältnissen decken, und daß man selbst über den Inhalt einer unregelmäßigen Lagerstätte recht genauen Anhalt gewinnt.

Um die zur Erforschung des **Inhalts** einer Lagerstätte notwendige größere Zahl von Bohrungen rationell ausführen zu können, ist es selbstverständlich, daß die Teufe solcher Schürfbohrungen im allgemeinen 50—75 m nicht übersteige. Bei solch relativ geringen Teufen sind die Schwierigkeiten der technischen Ausführung gering, die Schnelligkeit des Resultates ist überraschend und die Kontrollierbarkeit der Ergebnisse durch weitere Bohrungen mit billigen Mitteln gegeben.

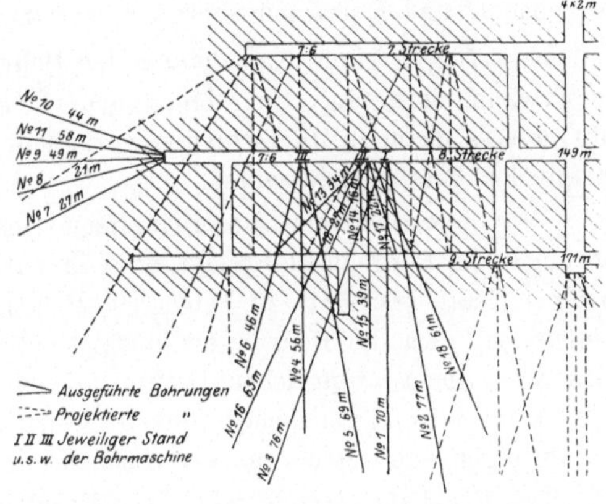

Fig. 29.

Geht man über die Teufe von ca. 75 m hinaus, so kann man die Bohrungen fast ausschließlich zur Erforschung stratigraphischer Verhältnisse benutzen, wozu meistens **eine** Bohrung ausreicht. Stellt beispielsweise eine Horizontalbohrung in ca. 200 m Entfernung einen Parallelgang fest, so ist das Vorhandensein des Ganges unzweideutig erwiesen. Niemand wird sich jedoch einfallen lassen wollen, zum Studium des Inhalts dieses Ganges 5—10 Bohrlöcher auf je 200 m Entfernung niederzubringen. Dies wäre absurd.

Sehr viel einfacher liegen vielfach die Verhältnisse beim sog. nichtmetallischen Erzbergbau.

Es habe beispielsweise eine Gesellschaft den Abbau einer Eisenerzlinse in den Pyrenäen betrieben und insgesamt 50 m Seigerhöhe vollkommen abgebaut. Das Erz war Hämatit. Da nun bekannt ist, daß die Linsen der betreffenden Gegend 3 Zonen führen, eine aus

Hämatit, eine aus Siderit und eine aus einer unbauwürdigen Mischung von Quarz und Siderit bestehende, so liegt fraglicher Gesellschaft daran zu wissen, wie die einzelnen Zonen auf der von ihr bearbeiteten Linse liegen. 2 Bohrungen im Fallen der Linse werden ohne weiteres Klarheit verschaffen.

Bisweilen macht man auch gegen die Bohrungen geltend, daß Versuchsstrecken ja nicht nur dem Aufschlusse dienten, sondern auch ermöglichten, die Abbaue mit Bergen zu versehen. Darauf muß man erwidern, daß fast stets die unerläßlichen Schächte und Querschläge hinreichen, um diese Berge zu liefern und daß die Bohrresultate gestatten, sicherer zu disponieren, somit die Verwendung der Schacht- und Querschlagsberge besser zu regeln.

Es sei noch einer Anwendung der Bohrungen im Kohlenbergbau Erwähnung getan. Sie dienen neuerdings auf den Zechen des Ruhrrevieres dazu, in Querschlägen vorzubohren, um Ansammlungen schlagender Wetter abzuzapfen.

Wir haben damit die Prinzipien der Anwendbarkeit der Bohrungen im Bergbau klargelegt, ohne im entfernten die zahlreichen einzelnen Fälle erschöpft zu haben, wo Bohrungen von Vorteil sind. Demjenigen, dem die Bohrungen hinreichend vertraut sind, um mit ihnen wie einem alltäglichen Hilfsmittel der Aufschlußarbeiten zu rechnen, wird es im gegebenen Einzelfalle leicht sein, zu entscheiden, ob Bohrungen oder Strecken resp. Schächte vorzuziehen sind.

Der Bergbautreibende wird im allgemeinen vor die Alternative gestellt sein, die Bohrungen in eigener Regie auszuführen oder einer der zahlreichen Bohrgesellschaften zu übertragen.

Die Entscheidung ist zumeist nicht schwer. Vergegenwärtigen wir uns zuvörderst, welche Anlagekosten erwachsen, wenn man in eigener Regie bohrt:

Kompl. Bohrmaschine einfachen Modells mit Zubehör und Motor.	3000—6000	M.
15 Karbons (2 Satz- und 3 Reservesteine) à 1 Karat	3000	„
Hilfssteine	200	„
Unvorhergesehenes bedingt durch Ungeübtheit der Leute	2000	„
	8200—11200	M.

Damit wird man bei nicht zu schwierigen Verhältnissen unschwer 200—300 m Bohrung ausführen und eine geübte Bohrmannschaft erzielen. Nach Beendigung dieser Bohrungen wird man an Steinen noch etwa 6—8 Karat besitzen und vermöge der gewonnenen Erfahrung in der Lage sein, weitere Bohrungen billigst auszuführen.

Steht von vornherein fest, daß man nur eine geringe Anzahl von Metern zu bohren hat, etwa insgesamt 200—300, so wäre es töricht, wenn man das Unternehmen mit den Ausgaben für Neuanlagen belasten und wenn man die Mühen der Ausbildung einer Bohrmannschaft auf sich nehmen wollte. Man überträgt alsdann besser die Bohrungen einer Bohrgesellschaft, die im allgemeinen kaum mehr wie 30 M. pro Meter verlangen wird; man erspart dadurch Anlagekosten und ist sicher, daß die Bohrung in kurzem Zeitraum beendet wird. Letzterer Umstand hat bisweilen nicht zu verachtende Ersparnisse an Generalkosten im Gefolge. Den Bohrgesellschaften ist durchaus die Berechtigung nicht abzusprechen, gute Preise zu fordern, da die Bohrarbeiten Zufälligkeiten (Festsetzen der Krone, Gestängebruch) unterworfen sind, die bisweilen die Selbstkosten erheblich steigern.

8. Aufstellung über die einzelnen Bohrmaschinentypen.

Aus den vorangegangenen Erörterungen sind die einzelnen Teile der Bohrmaschinen hinreichend bekannt, so daß wir hier füglich auf die Beschreibung der einzelnen Typen verzichten können. Wir bezwecken nur, den Interessenten über sämtliche in Frage kommenden Maschinen zu orientieren an Hand von Abbildungen und unterlassen es absichtlich, irgendwelche Kritik zu üben, zumal es im einzelnen Falle dem Interessenten nicht schwer fallen dürfte, die für seine Zwecke brauchbaren Typen festzulegen und weil ferner die für bestimmte Zwecke brauchbaren Typen nahezu gleichwertig sind. Die Typen sind nach den Konstrukteuren geordnet und nur die für geringe Teufen erwähnt. Die Preise sollen als roher Anhalt dienen; sie können nur mit Vorsicht zu Vergleichszwecken benutzt werden, da die Ausstattung der Maschinen je nach der Firma variiert.

American Diamond Rock Drill. Allgemeine Kennzeichen sind oszillierende Antriebszylinder, Differential- oder hydraulischer

Vorschub, lezterer unter Benutzung zweier Zylinder, Aufhängung der Bohrspindel nebst Vorschubeinrichtung an drehbarer Schwingplatte.

Nr. 12 Hand power Drill (Fig. 30):

Kern	25 mm
Loch	40 mm
max. Teufe	120 m
Gesamtgewicht	90 kg
Preis komplett	rd. 4000 M.

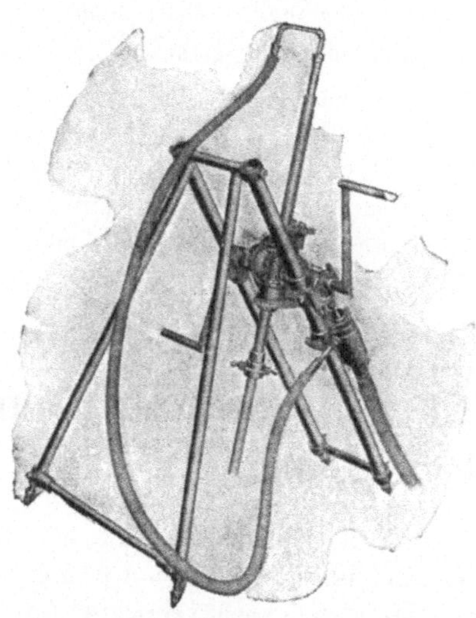

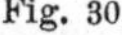
Fig. 30.

Fig. 31.

Nr. 11 Prospecting Drill (Fig. 31).

Die Maschine wird mit Differential- oder hydraulischem Vorschub geliefert:

Kern	25 mm
Loch	40 mm
max. Teufe	120 m
Gesamtgewicht	157,5 kg
Höhe	1400 mm
Breite	610 mm
Preis komplett	rd. 5500 M.

Nr. 10 Prospecting Drill.

Die Maschine wird gleichfalls mit Differential- oder hydraulischem Vorschub geliefert:

Kern	25 mm
Loch	40 mm
max. Teufe	150 m
Gesamtgewicht	168,75 kg
Dimensionen wie unter 11	
Preis . . . . rd.	6500 M.

Fig. 32.

Dieselbe Maschine mit elektrischem Antrieb kostet rd. 6000 M. Sie wird sehr wenig angewandt.

Nr. 8 Prospecting Drill:

Kern	25 oder 32 mm
Loch	40 oder 46 mm
max. Teufe	240 m
Gesamtgewicht	300 kg
Höhe	1750 mm
Breite	610 mm
Preis komplett . . . . rd.	7000 M.

Fig. 33.

Internationale Bohrgesellschaft. Die Maschine dieser Gesellschaft ist die Craelius-Maschine mit geringfügigen Abänderungen.

Fig. 34.

So ist Kegelradantrieb gewählt, statt Schraubenradantrieb; ferner sind sämtliche Antriebsteile, sowie die Zahnstange des Gewichts-

Fig. 35.

vorschubs gekapselt; als Verbindung von Bohrhülse und Bohrrohr dient außer dem Preßkopf noch eine Klemmbackeneinrichtung oberhalb der Bohrspindel (vgl. Fig. 32, 33, 34).

Lange, Lorcke & Cie. Die Firma baut die sog. Craelius-Maschine in 2 Modellen, für max. 300 und 900 m Teufe bestimmt. Der Antriebsmotor ist nicht mit der Maschine verbunden; es muß

Fig. 36.

fast ausnahmslos Riemenübertragung zur Anwendung kommen. Die Bauart ist aus der Fig. 35 ersichtlich. Der Platzbedarf der Maschine ist 4 qm sowie in Bohrrichtung ein freier Raum von 3,5 m. Die Maschine kostet ohne Ausrüstung rd. 2500 M.

Peiner Maschinenbau-Gesellschaft, Peine (Hannover).

Charakteristisch für die Bohrmaschinen dieser Firma ist der Ge-

Fig. 37.

wichtshebelvorschub, welcher seitlich vom Rahmen angeordnet ist und durch Bohrung 18 (Fig. 38) hindurch ausgeübt wird. Als Übertragungsorgan dient dabei eine endlose, am Kugellager der Bohrspindel angreifende Kette. Ferner ist zu erwähnen der Sicherheitsantrieb für Type DR2 (vgl. S. 3).

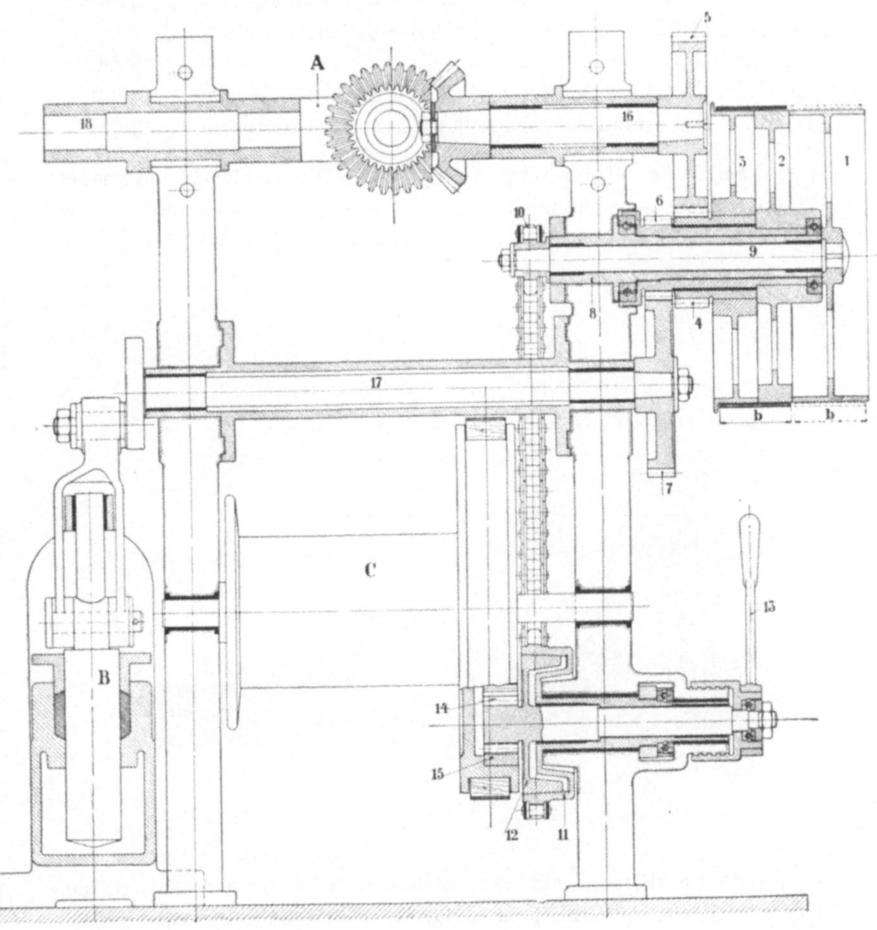

Fig. 38.

Die Firma baut nachstehende Modelle (vgl. Fig. 36 und 37):

1. Mod. DH für Handantrieb, 200 m Teufe max. . . ca. 1350 M.
2. „ DR1 „ Riemenantrieb, 250 m max. . . . „ 1850 „
3. „ DR1 „ „ mit angebauter Pumpe „ 2350 „
4. „ DR1 „ „ „ „ Winde „ 2200 „

5.	Mod. DR1 für Riemenantrieb mit angebauter Pumpe und Winde	ca.	3250 M.
6.	„ DR2 für Riemenantrieb, 600 m Teufe max. .	„	2400 „
7.	„ DR2 „ „ mit angebauter Pumpe	„	3050 „
8.	„ DR2 „ „ „ „ Winde	„	3000 „
9.	„ DR2 „ „ „ Pumpe und Winde	„	3950 „
10.	„ DM mit untergebautem Elektromotor für 250 m	„	2650 „

Sullivan Machinery Company. Diese Firma verwendet Differential- oder hydraulischen Vorschub, letzteren mit einem Zylinder. Der Antriebsmotor hat feststehenden Zylinder. Die Preise

Fig. 39.

sind dem Catalogue 1908 des sondeuses Sullivan von Mr. A. de Gennes, Agent général pour l'Europe continenale 25 rue Raffet, Paris, entnommen.

Bohrmaschine M (Fig. 39):

Kern	23,8 mm
Loch	39,2 mm
max. Teufe	90 m
Gewicht	86 kg
Preis komplett	3773,95 Frs.

Bohrmaschine E (Fig. 40):

Kern	23,8 mm
Loch	39,2 mm
max. Teufe	90—120 m
Gewicht	263 kg
Höhe	1730 mm
Breite	660 mm
Preis komplett	5336,85 Frs.

Fig. 40.

Bohrmaschine S (Fig. 41):

Kern	23,8 mm
Loch	39,2 mm
max. Teufe	150 m
Preis komplett	8720,50 Frs.

Bohrmaschine H (Fig. 42):

Kern	28 mm
Loch	46,5 mm
max. Teufe	300 m
Preis komplett	14682,35 Frs.

Fig. 41.

Die Bohrmaschinen E, S, H werden auch mit elektrischem Antrieb geliefert. Als Beispiel vgl. Fig. 43. Die Preise sind alsdann wesentlich höher. Ferner werden alle Maschinen auf Wunsch geliefert mit Riemenscheibe, Ausrückvorrichtung und spezieller Pumpe, um den Antrieb mittels Benzinmotors bewirken zu können.

Fig. 42.

Fig. 43.

Joh. Urbanek & Cie. Die Firma baut nur ein Modell (Fig. 44) für Riemenantrieb in 2 Größen:

A für 150 max. Teufe, Kern 22 mm, Loch 36 mm
B „ 300 „ „ „ 36 „ „ 55 „

Fig. 44.

Fig. 45 zeigt dieselbe Maschine mit Preßluftmotor auf einem Wagengestell montiert.

Der Preis der Maschine A ohne Ausrüstung ist ungefähr 1800 M.

Das Davis-Calyx-Verfahren der Ingersoll-Rand Comp. Die Kosten der Diamantbohrung, die immerhin recht bedeutende sind, haben Veranlassung gegeben, nach Mitteln zu suchen, die die Verwendung des Diamanten entbehrlich machen.

In der Tat existiert ein Verfahren, welches bei vertikalen oder solchen Bohrungen, die max. unter 30° gegen die Vertikale geneigt sind, in allen Terrains recht gute Erfolge aufzuweisen hat. Es ist dies das Davis-Calyx-Verfahren. Die entsprechenden Bohr-

Fig. 45.

maschinen werden von der Ingersoll-Rand Comp. gebaut. Vertreter für Europa ist die Compagnie Ingersoll-Rand 33, rue Réaumur, Paris.

Wir wollen nicht verabsäumen, in kurzen Worten auf das Verfahren einzugehen.

Fig. 46 stellt eine dieser Bohrmaschinen dar und Fig. 47 den schematischen Vorgang der Bohrung. Man bedient sich dabei zweierlei verschiedener Verfahren je nach der Beschaffenheit der zu durchbohrenden Schichten. In weichem Terrain verwendet man eine Krone mit Stahlzähnen (Fig. 48). Die Zähne dringen beim Bohren ins Gebirge ein, halten somit die Krone fest, während das Gestänge langsam weiter rotiert. Durch die sich vollziehende Torsion des Gestänges wird in demselben eine starke Spannung aufgespeichert, die schließlich den Widerstand der Zähne im Felsen überwindet und den letzteren in kleinen Stücken absprengt.

In hartem Terrain benutzt man eine volle Krone in Verbindung mit Stahlsand von Schrotgröße. Man führt ihn mittels Pumpe durch einen besonderen Hahn des Wasserwirbels hindurch in das Gestänge ein; der Stahlsand sinkt nieder und bleibt unter der Krone liegen.

Fig. 46.

Dadurch, daß auf die Krone eine Pressung ausgeübt wird, wird auch der Stahlsand gegen die Bohrlochsohle gepreßt. Ingleichen wird dem Stahlsand die Rotationsbewegung der Krone mitgeteilt. Unter dem Einfluß dieser kombinierten Pressung und Rotation wird das Gebirge in feinen Staub zerrieben, der hoch steigt und in dem Becherrohr D niedersinkt. Ein solches Schlammrohr ist hier erforderlich, weil der Spülwasserstrom nur sehr schwach sein darf, um nicht die Schrotkörnchen von der Kronenringfläche wegzudrängen. Der Stahlsand wird von Zeit zu Zeit erneuert.

Die Kerndurchmesser sind je nach den Maschinen 41, 60, 82, 127 mm.

Nach Angaben der Firma sind folgende Resultate erzielt worden, die denen der Diamantbohrungen nichts nachgeben. Es wurden in 10 Stunden erbohrt:

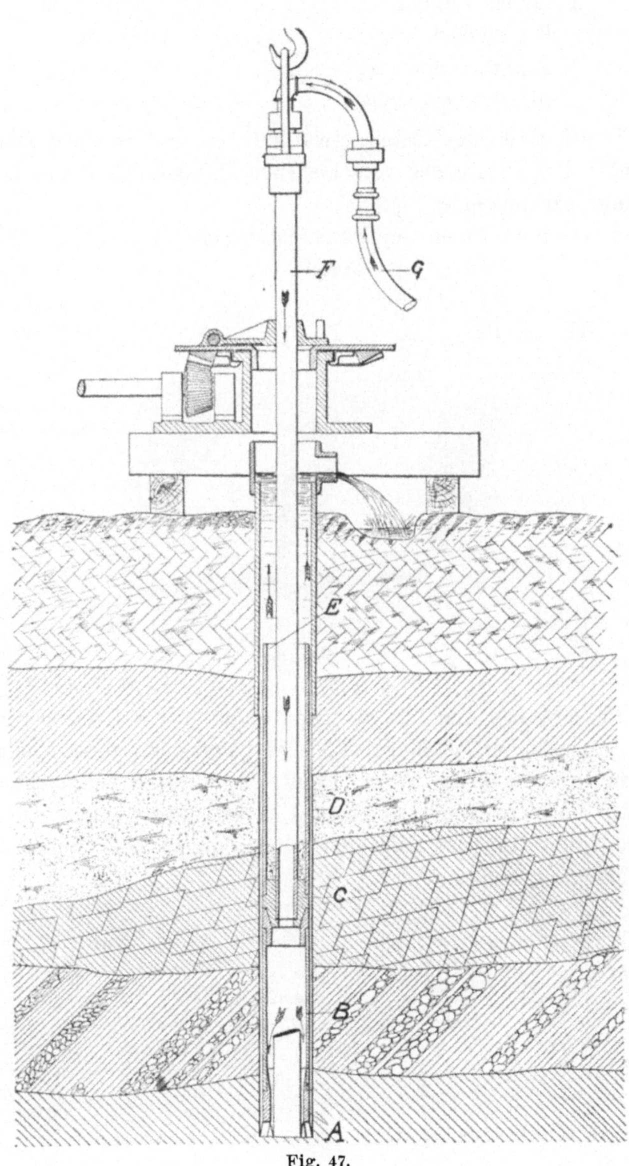

Fig. 47.

in harten Kalken	3— 6 m
„ Tonschiefer	6—10 „
„ Quarzkonglomerat	4— 5 „
„ Diorit und Jaspis	2— 3 „

Dabei sind die Kosten etwa halb so hoch wie bei Diamantbohrung. Die Preise der verschiedenen Davis-Calyx-Bohrmaschinen sind ungefähr folgende:

Type	GO	für	75 m	von Hand	betrieben	3200 M.
„	G	„	75 „	mit Dampf	„	6500 „
„	F	„	245 „	„ „	„	12000 „
„	BF	„	450 „	„ „	„	20000 „

Fig. 48.

Beschränken sich die Bohrungen auf Vertikalbohrungen oder solche mit geringer Neigung, so ist die Anwendung dieses Verfahrens wohl in Erwägung zu ziehen, event. ein Versuch vorzunehmen, zu welchem die Firma Ingersoll zumeist bereitwilligst gegen eine kleine Entschädigung für den Fall der Nichtabnahme die Bohrmaschine zur Verfügung stellt.

Buchführung und Bilanzen. Eine Anleitung für technisch Gebildete. Von **G. Glockemeier**, Diplom-Bergingenieur. Preis M. 2,—.

Verfahren und Einrichtungen zum Tiefbohren. Kurze Übersicht über das Gebiet der Tiefbohrtechnik. Nach einem Vortrage gehalten am 18. Januar 1905 im Verein deutscher Ingenieure zu Berlin von **Paul Stein.** Zweite, gänzlich umgearbeitete und vermehrte Auflage. Mit 21 Textfiguren und 1 Tafel.
Unter der Presse.

Zwanzig Jahre Fortschritte in Explosivstoffen. Vier Vorträge, gehalten in der Royal Society of Arts in London November/Dezember 1908 von **Oscar Guttmann** in London. Mit 11 Textfiguren und 1 farbigen Tafel. Preis M. 3,—.

Sprengstoffe und Zündung der Sprengschüsse mit besonderer Berücksichtigung der Schlagwetter und Kohlenstaubgefahr auf Steinkohlengruben. Von **F. Heise,** Professor und Direktor der Bergschule zu Bochum. Zweite Auflage in Vorbereitung.

Vortrieb und Ausbolzung von Gebirgstunneln. Ein kurzer Abriß der bergmännischen Tunnelbauweisen unter Behandlung und Begründung der neuzeitlichen Änderungen und Verbesserungen. Von Dr. phil. **Bader,** Dr.-Ing., Regierungsbaumeister. Mit 40 Textfiguren. Preis M. 2,40.

Der Grubenausbau. Von Diplom-Bergingenieur **Hans Bansen,** ord. Lehrer an der Oberschlesischen Bergschule zu Tarnowitz. Zweite, vermehrte und verbesserte Auflage. Mit 498 Textfiguren.
In Leinwand gebunden Preis M. 8,—.

Die Streckenförderung. Von **Hans Bansen,** Dipl.-Bergingenieur, ord. Lehrer an der Oberschlesischen Bergschule zu Tarnowitz. Mit 382 Textfiguren. In Leinwand gebunden Preis M. 8,—.

Kompressoren-Anlagen insbesondere in Grubenbetrieben. Von Dipl.-Ing. **Karl Teiwes.** Mit 129 Textfiguren.
In Leinwand gebunden Preis M. 7,—.

Das Spülversatzverfahren. Von Dipl.-Bergingenieur **Otto Pütz.** Mit 40 Textfiguren. Preis M. 2,—.